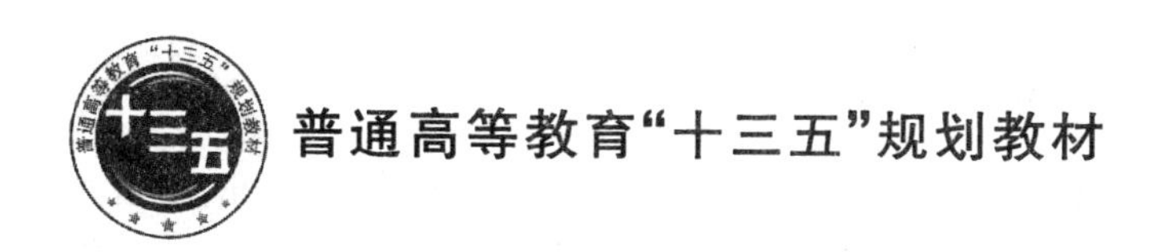

普通高等教育“十三五”规划教材

CodeBlocks + Visual Studio 2017 + Visual C++ 6.0

C 语言程序设计实用教程

（第 2 版）

主编 张桂珠 杨开荍 方 伟 韩亦强

北京邮电大学出版社
www.buptpress.com

内容简介

本书详细介绍了C语言的语法知识和使用，结合实际工程应用中的大量实例，讲解了如何使用C语言解决实际问题的理论、方法和过程，全书内容也兼顾到全国计算机二级等级考试C语言的大纲要求。针对初学者和自学者的特点，在讲解过程中，力求语言简洁、抓住重点、精选例子。结合作者多年的教学经验和项目开发经验组织教材，做到深入浅出、难点分散，力争在解决问题的过程中使学习者能融会贯通地掌握C语言。在C语言程序的上机环境安装和使用上，分别介绍了全国计算机二级等级考试的机考环境 Visual C++ 6.0、最新的 Visual Studio 2017 集成开发环境以及 CCF CSP 的机考环境 CodeBlocks。

本书可作为学习C语言程序设计课程的教材，也可作为全国计算机二级等级考试C语言的学习主导教材，还可作为C语言的自学者或短训班人员的学习教材。为方便读者学习，作者还编写了与本书配套的《C语言程序设计实用教程习题解答与实验（第2版）》。本书还配有一套教学电子资源，包括教学课件、例子源代码、习题解答源代码和实验答案源代码。

图书在版编目(CIP)数据

C语言程序设计实用教程/张桂珠，等主编. --2版. --北京：北京邮电大学出版社，2018.8

ISBN 978-7-5635-5573-4

Ⅰ. ①C… Ⅱ. ①张… Ⅲ. ①C语言—程序设计—教材 Ⅳ. ①TP312.8

中国版本图书馆CIP数据核字(2018)第183861号

书　　名：C语言程序设计实用教程(第2版)

著作责任者：张桂珠　杨开莜　方　伟　韩亦强　主编

责任编辑：张珊珊

出版发行：北京邮电大学出版社

社　　址：北京市海淀区西土城路10号(邮编：100876)

发 行 部：电话：010-62282185　传真：010-62283578

E-mail：publish@bupt.edu.cn

经　　销：各地新华书店

印　　刷：北京玺诚印务有限公司

开　　本：787 mm×1 092 mm　1/16

印　　张：15

字　　数：384千字

版　　次：2012年8月第1版　2018年8月第2版　2018年8月第1次印刷

ISBN 978-7-5635-5573-4　　　　定　价：36.00元

·如有印装质量问题，请与北京邮电大学出版社发行部联系·

前　　言

在程序设计语言中，C语言是国内外编程人员使用最广泛的语言。由于C语言本身功能丰富、使用灵活、可移植性好，既具有高级语言的优点，又具有低级语言的特点，既可用于编写系统软件如操作系统、编译程序、设备驱动程序，又可用于编写应用软件，在嵌入式系统领域，C语言也得到了广泛使用。因此C语言程序设计是计算机应用人员应掌握的基本功。

《C语言程序设计实用教程(第2版)》和与之配套的《C语言程序设计实用教程习题解答与实验(第2版)》，是作者结合多年的教学实践和项目实践编写的。全书内容也兼顾到全国计算机二级等级考试C语言的大纲要求。在讲解过程中力求语言简洁、抓住重点、精选例子，组织教材做到深入浅出、难点分散，力争在解决问题的过程中使学习者能融会贯通地掌握C语言。

在C语言程序的上机环境安装和使用上，首先介绍软件CodeBlocks 16.01，它是一款开源、免费、跨平台的C/C++集成开发环境，在Windows、Linux等OS平台上都能便捷安装，且界面友好，调试功能强大，运行高效，它也是中国计算机学会组织的计算机软件能力认证CSP的C/C++机考环境。接着介绍软件Visual C++ 6.0，它是全国计算机二级等级考试的C语言机考环境，但其版本已经很旧，且在Windows 7以上版本的操作系统上，需要安装较高版本的Visual Studio，C程序才能正常执行。最后介绍了目前最新版本Visual Studio 2017的下载、安装和使用。对于初学者而言，最好选择CodeBlocks 16.01下载和使用比较方便。

全书共有9章，内容概要如下：

第1章，程序设计和C语言概述。介绍程序设计相关的基本概念，C语言的特点，简单C程序例子；介绍CodeBlocks 16.01、Visual Studio 2017和VC++ 6.0三种环境软件的下载、安装和使用，结合开发环境介绍如何输入、编译、连接和运行C程序的过程。

第2章，顺序结构程序设计。从计算机系统角度介绍数据的机内表示和存储，介绍C程序的组成结构，基本数据类型、变量、常量、指针变量、表达式、赋值语句，以及基本输入和输出语句等。最后讨论了顺序结构程序设计应用实例。

第3章，选择结构程序设计。介绍算法的基本知识和结构化程序设计的方法，在理解程序的三种基本控制结构基础上，详细介绍与选择结构相关的程序设计，包括：关系表达式、逻辑表达式、if语句和switch语句。最后讨论了选择结构的程序设计实例。

第4章，循环结构程序设计。介绍三种循环语句while语句、do-while语句和for语句的使用格式，以及如何使用这些语句表达循环结构。最后讨论了循环结构的程序设计实例。

第5章，函数。介绍了函数的定义和调用，函数参数的传递方式，与函数相关的指针应用，给出了利用函数进行模块化程序设计的大量实例。最后讨论了变量的作用域、C程序的多文件结构、编译预处理常用命令、系统的库函数及其应用实例。

第6章，数组、字符串与动态内存分配。介绍了一维数组和多维数组的声明和使用，介绍了通过下标变量和指针访问一维数组元素和二维数组元素的方法，讨论了数组应用的一组常用算法。介绍了存放字符串的字符型数组声明、访问和输入/输出,字符串处理库函数及其应用实例。最后介绍了动态内存的申请或释放。

第7章,用户自定义类型。用户自定义数据类型包括:结构体、联合体、枚举型,重点介绍了每种数据类型的定义和应用实例。介绍了 typedef 的定义和使用。

第8章,位操作程序设计。介绍了二进制位运算,包括:位与、或、异或、取反、左移和位右移。介绍了使用结构体表示二进位的数据结构——位域。讨论了位操作程序设计的综合举例。

第9章,文件的输入和输出处理。介绍了文件的命名、文件的打开与关闭、文件的读取与写入。详细介绍了与文件读写操作相关的一组库函数,并结合应用实例给出了文件的顺序读写和随机读写的方法。

第10章,调试程序。分别介绍了在 CodeBlocks 16.01 和 Visual C++ 6.0 两种软件环境下,如何调试运行C程序。

本书还配有一套完整的电子教学资源,包括教学课件、例子源代码、习题解答源程序和实验解答源程序等。读者可在北京邮电大学出版社网站自行下载。

全书由张桂珠、杨开莜 、方伟、韩亦强主编,参编人员有徐华、韩振、蒋敏、李婷、姚健等。本书在编写过程中,得到了江南大学同仁们的协助与支持,在此一并致谢。

感谢读者选择使用本书,欢迎您对本书提出批评和修改建议,我们将不胜感激,并在再版时予以考虑。作者的邮箱地址如下:zhangguizhu@163.com。

作　者

目　　录

第 1 章　程序设计和 C 语言概述

本章首先介绍了程序设计相关的基本概念，如程序、程序设计语言、程序设计的开发过程、语言的分类（包括机器语言、汇编语言和高级语言及其翻译程序）。接着介绍了 C 语言的特点和应用场合，详细介绍了几个简单的 C 语言程序例子，介绍了集成开发环境 CodeBlocks 16.01 和Visual C++ 6.0、Visual Studio 2017 的安装过程，以及它们如何输入、编译、连接和运行 C 语言的程序，如何纠正程序中的语法错误等。本章为读者了解和使用 C 语言编程、进一步学习后面的章节打下了很好的基础。

1.1　程序设计基本概念

1.1.1　什么叫程序设计

程序是计算机能执行的一组指令，用于完成特定的任务。程序设计的任务就是如何将一个问题转换成计算机能自动执行的一组指令。程序设计的开发过程一般由四个步骤组成：

（1）分析问题：分析要得到哪些输出结果，有哪些输入，以及问题的处理过程。

（2）设计算法：算法是对一个问题求解步骤的一种描述，是求解问题的方法。可用自然语言、伪代码或流程图表达算法（第 3 章将详细讨论算法）。

（3）编制程序：将流程图或伪代码转换成程序设计语言表达的程序。

（4）测试程序：通过在计算机运行程序，输入各种类型的数据，观察输出结果是否达到预期要求，不断修正程序，使程序的运行结果正确。

例如：求任意三个整型数 a，b，c 的最大值。

此问题的求解过程，有三个步骤：

（a）输入三个整数送给 a，b，c；

（b）求 a、b 的较大者 larger，再用 larger 与 c 比较，求出的较大者就是最大者 max；

（c）输出最大者 max。

程序设计是对一个给定问题的求解过程，它会分析问题有哪些输入数据，有哪些输出结果，分析由输入数据如何映射为输出结果的处理过程，如图 1-1 所示。处理过程往往由 *N* 步骤组成，有简单的处理过程，也有复杂的处理过程（如天气预报预测），由要处理问题的规模大小决定。

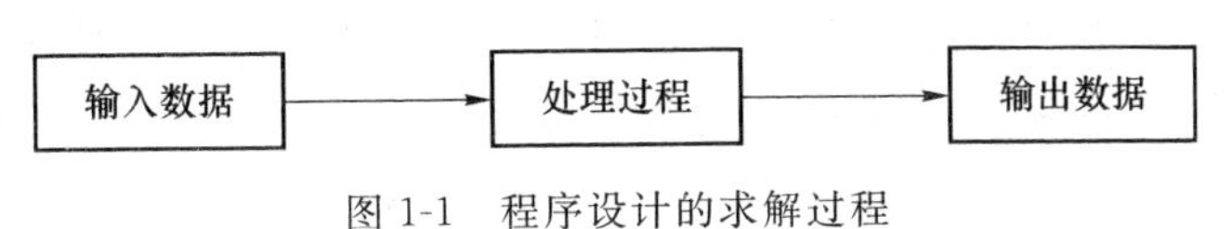

图 1-1　程序设计的求解过程

1.1.2 什么叫程序设计语言

程序设计语言是计算机能够识别和执行的语言,它是由一套语法规则和语义组成的系统,用于对要解决的问题进行描述。程序设计语言按级别分为机器语言、汇编语言和高级语言。语言的发展经历了由低级向高级的发展过程。图1-2展示了两数加法操作的例子在不同级别语言上的代码表示。

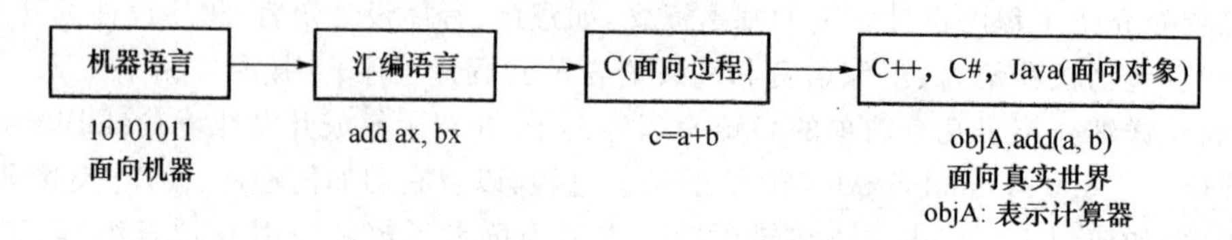

图1-2 程序设计语言的发展过程

1. 机器语言

机器语言是由二进制序列组成的机器指令集合。用机器语言编制的程序可被计算机直接识别和执行。对于计算机本身来说,它只能接受和处理由0和1代码构成的二进制指令或数据,由于这种形式的指令是面向机器的,因此也就称为“机器语言”。例如:10101011表示一条加法的机器指令。计算机发展的初期,程序设计人员使用机器语言来编制程序,它非常难于记忆,很不方便,但用机器语言编制的程序运行效率高。

2. 汇编语言与汇编程序

汇编语言是机器语言符号化的语言。例如:机器指令10101011符号化后对应的汇编指令为:add ax,bx。一台机器的所有汇编指令集合就组成了汇编语言。汇编指令与机器指令一一对应,汇编语言和机器语言都属于低级语言。

用汇编语言编制的程序,计算机并不能直接识别和执行,必须经过汇编程序的翻译,然后才能运行。汇编程序的任务是将用汇编语言写的源程序(Source)转换成用机器语言写的目标程序(Object)。人们用汇编语言编程比用机器语言编程前进了一步,但使用起来仍然不方便。

3. 高级语言与编译程序

高级语言是接近于人类自然语言的、允许用英文和数学式子来表达的语言。它允许用英文编写解题的计算程序,程序中所使用的运算符号和运算式子,与我们日常用的数学式子差不多。高级语言容易学习,通用性强,书写出的程序比较短,便于推广和交流,是一种很理想的程序设计语言。目前常用的高级语言有C、C++、Java、.Net、Python、COBOL、Basic、Fortran、Pascal等,其中C、COBOL、Basic、Fortran和Pascal是面向过程的语言,而C++、Java、.Net和Python是面向对象的语言。图1-2中两数相加的例子,用面向过程的C语言表示为:c=a+b;用面向对象的语言表示为:objA.add(a,b),objA代表计算器对象。

高级语言编写的源程序不能被计算机直接识别和执行,必须经过翻译程序转换才能被执行。编译程序就是这样一种翻译程序,它将高级语言写的源程序翻译成功能等价的用机器语言写的目标代码。图1-3给出的用高级语言C编制的程序在上机运行的过程中由四个步骤组成:

（1）上机输入和编辑源程序，生成源文件（后缀名为.c）；

（2）对源程序进行编译，生成目标文件（后缀名为.obj）；

（3）进行连接处理，将一个或多个目标文件连接生成可执行文件（后缀名为.exe）；

（4）运行可执行程序，得到运行结果。

在1.4节中将介绍使用集成开发环境对C程序进行编辑、编译、连接和执行的方法和步骤。

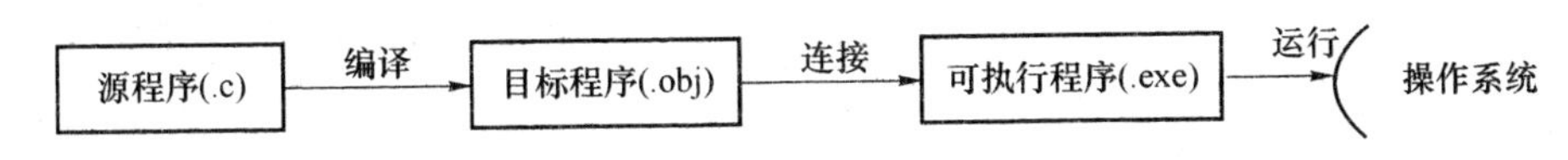

图1-3　C程序的上机运行过程

4. 高级语言程序的执行方式

高级语言程序的执行方式有两种：编译执行方式和解释执行方式。

编译执行方式是指：先把源程序整个翻译成可执行文件，这个过程称为翻译阶段；然后运行可执行文件，这个过程称为运行阶段。程序第一次执行时，需要翻译和运行两个阶段，而以后程序的多次执行，就不需要翻译阶段，只需要运行阶段，即直接运行可执行文件，所以程序的执行效率高。C、C++程序的执行，只能采用编译执行方式。

解释执行方式是对源程序采取边翻译边运行的过程，这个过程由解释器来完成，这个过程中并不生成可执行文件。解释方式下，程序每次执行需要翻译、执行，其执行效率比编译方式要低。Basic、Java等程序的执行，可以采用解释执行方式。

1.2　C语言的特点和应用

C语言是一种通用的程序设计语言，既可用于编写计算机的系统软件，如操作系统、编译程序、设备驱动程序；又可用于编写一般的应用程序。在嵌入式系统，由于C语言既具有高级语言的特点，又能直接对机器硬件进行操作，因而得到了广泛的应用。

1.2.1　C语言的特点

总的说来，C语言具有以下主要特点：

（1）语言表达简洁、使用方便灵活。

（2）运算符丰富，包括算术运算、关系运算、逻辑运算和位运算等。

（3）数据类型丰富，包括整型、实型、字符型、数组、指针、结构体、共用体等。

（4）是面向过程的结构化程序设计语言，反映结构化的控制语句有：if…else、switch、while、do…while、for等。

（5）具有面向低级语言的特性，可直接对硬件编程，这样生成的目标代码质量高，程序执行效率高。

（6）语法限制不太严格，语法表达灵活、多样，使程序设计人员在编程上有较大的自由发挥空间。

(7) 使用C语言编写的程序,很容易在不同的计算机之间进行移植,具有很好的移植性。

C语言的以上特点,等学完本书内容后,读者一定会有深刻的理解,能应用C语言灵活高效地解决各种实际问题。

1.2.2 C与C++、Java、C#

C++是从C语言发展而来,并扩充了面向对象程序设计的成分,由于它兼容C语言,这就使得许多C代码不经修改就可被C++编译通过。C++是兼容面向过程和面向对象的语言,语法规则完备且复杂。Java对C++进行了精简,增加了与Internet网络相关的成分,是完全面向对象的语言。C#吸收了Java大量的优点,是Java和C++的杂合体。所以,我们学好C语言程序设计,可以为进一步学习C++、Java和C#打下坚实的语言基础。

1.3 简单C语言程序入门

下面介绍几个简单的C语言程序。

例1-1 在屏幕显示一行字符串。

```
#include <stdio.h>
int main( )
{
    printf("Programming is fun.\n");
    return 0;
}
```

程序运行结果如下:

```
Programming is fun.
```

在书写C语言源程序时,要注意:大写字母和小写字母具有不同的含义;语句之间的缩进,表明了语句之间的控制关系。另外为了增强程序的可读性,在单词之间可加一个或多个空格分隔。

程序中的语句说明如下。

(1) 语句的第一行:#include <stdio.h>是包含语句,指明将标准库函数包含到本程序中,库文件名stdio.h是用于提供输入/输出函数的,如输出函数printf(),输入函数scanf()。要注意#include语句要放在程序的开始处。

(2) 从第二行开始往后的部分,定义了主函数main,它是程序执行的入口点,在C语言程序中,必须有一个且只能有一个main函数。

int main( ) 是main函数的头,其中int是函数返回值的类型,返回整型int,与下面的返回语句return 0相对应。main是函数名,一对圆括号( )是定义函数的标志。

一对大括号{ }和其括住的两条语句是函数体,函数体定义了main函数要完成的功能。其中语句:

```
printf("Programming is fun.\n");
```

将在屏幕显示一行字符串"Programming is fun."。"\n"是换行符，表示将光标移到下一行的起始处。语句：

```
return 0;
```

是返回语句，其功能是从 main 函数返回，并返回值 0，main 函数执行结束。

(3) 语句结束符号";"。C 语言中的每一条语句都由分号(;)结束。一条语句可跨越多行。例如，跨越两行的语句：

```
total=a+b+c+
      d+e+f+g;
```

与语句：

```
total=a+b+c+d+e+f+g;
```

是等价的。

例 1-2　计算两个数的和。

```
//程序求两个数之和
#include <stdio.h>
int main( ) {
    int a,b,c;
    a = 10;     //设置变量 a 的值为 10
    b = 20;     //设置变量 b 的值为 20
    c = a + b;  //取变量 a 的值 10,与变量 b 的值 20 进行加法,将结果 30 赋给变量 c
    printf("Sum is %d\n",c);
    return 0;
}
```

程序运行结果如下：

```
Sum is 30
```

程序中的语句说明如下。

(1) 注释行

在本程序中第二行"//"后的内容为注释，进行编译时，这一行的所有内容会被忽略。注释只是帮助阅读理解程序的，并不影响程序的执行结果，编译器将忽略注释。C 语言的注释语句有两种形式：

(a) 单行注解。从"//"开始一直到当前行尾均为注释。例如：

```
//程序求两个数和
```

(b) 多行注释。可用于跨越多行的注释，"/ * "是注释的开始，" * /"表示注释结束。例如：

```
/* 一行或
多行的注释 */
```

(2) 变量声明语句

变量声明语句：

```
int a,b,c;
```

将声明三个整型变量,变量名分别为 a,b,c。给整型变量设置的值只能为整数。

(3) 赋值语句

赋值语句:

```
a = 10;
b = 20;
```

完成给变量 a 和变量 b 分别赋予(或设置)值 10 和 20。

赋值语句:

```
c = a + b;
```

完成取变量 a 的值 10,与变量 b 的值 20 进行加法,将相加结果 30 赋给变量 c。

(4) 打印语句

打印语句:

```
printf("Sum is %d\n",c);
```

这里的 printf 函数带有两个参数,两个参数之间以逗号","分隔。第一个参数是要打印的格式字符串"Sum is %d\n",它由固定的文本和格式说明符组成,其中固定的文本直接由 printf 输出,例如,"Sum is "(表示输出 Sum is),"\n"(表示输出一个换行)。而以"%"开头的格式说明符是占位符,在输出时会被一个值替换。例如"%d"会被替换成一个十进制整型值。第二个参数是变量 c,是用变量 c 的值 30 去替换前面的格式说明符%d,即得到输出结果"Sum is 30"。

1.4 C 语言程序运行环境的安装和使用

集成开发环境(Integrated Development Environment,IDE)一般都提供可视化界面用于程序的编辑、编译、调试、运行、项目管理等一体化功能。C 语言的集成开发环境有很多种类,常用的有 CodeBlocks、Dev-C++、Visual C++、Turbo C、Borland C++等。其中 Turbo C 是早期 DOS 环境下使用的 IDE。Visual C++是微软推出的 Windows 平台上的一款 C/C++开发环境,它被包含在 Visual Studio 集成开发包中,但随着 Visual Studio 版本的不断更新(目前最新版本 2017),下载和安装它对于初学者比较麻烦。而 Visual C++ 6.0 是微软在 1997 年推出的一款经典的 C/C++编译器,它界面友好,调试功能强大,安装便捷,是全国计算机二级等级考试 C 语言的机考环境。CodeBlocks 和 Dev-C++是两款免费开放源代码的软件,是中国计算机学会组织的计算机软件能力认证 CCF CSP 的机考环境。

本节将分别介绍 CodeBlocks 和 Visual C++开发环境的下载、安装和使用,比较适合于 C 语言的初学者,读者在学习 C 语言时,只需要选择其中一种开发环境安装在自己的机器上即可。

1.4.1 在 CodeBlocks 集成开发环境下执行 C 语言程序

1. CodeBlocks 下载和安装

CodeBlocks 是一个免费的跨平台 C/C++集成开发环境,跨平台是指它在 Windows、Linux 等 OS 平台上都能安装,而且运行高效。从官网 http://www.codeblocks.org/可以下载不同操作系统下的软件版本。本书推荐下载的是 Windows 下的版本"codeblocks-16.

01mingw-setup.exe”，它在 Windows 32 或 Windows 64 平台都可以安装。在 Windows 下安装时，直接运行“codeblocks-16.01mingw-setup.exe”，按照安装向导进行安装即可。

CodeBlocks 安装完成后，在 Windows 桌面的“所有程序”中会出现程序项“CodeBlocks”，选择“CodeBlocks→CodeBlocks”，将启动进入 CodeBlocks 的主窗口界面，如图 1-4 所示，其左半部分是工作空间/项目管理区，用于对项目进行管理，如向项目添加、删除文件等；右半部分的上面一半是源代码输入编辑区，下面一半是控制台结果输出区。在源文件编辑区，用户可输入、修改 C 源程序；控制台结果输出区是用于输出编译、连接的结果等信息。在 CodeBlocks 的主窗口下，用户可以输入、编辑、编译和执行 C 程序。

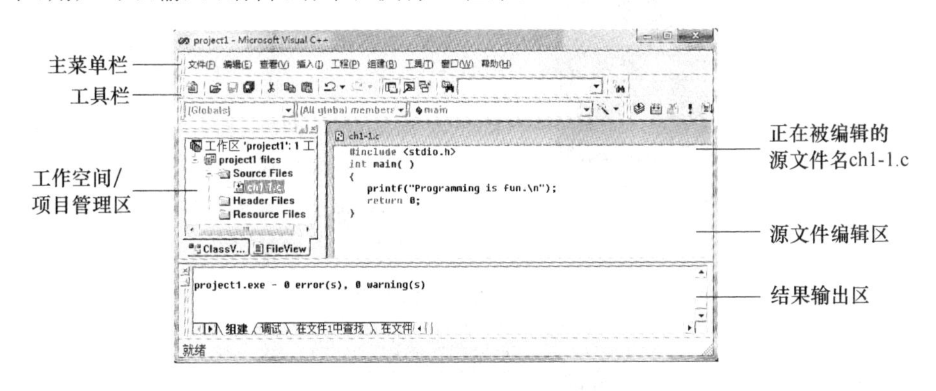

图 1-4　CodeBlocks 主窗口界面

CodeBlocks 是以项目(Project)为单位管理一组相关文件的。一个工作空间 Workspace 可以包含多个 Projects。而当前正在使用的 Project 只有一个，叫作活动(active)的项目，简称当前项目。

C 语言程序的上机步骤，一般是新建控制台应用项目，然后在项目中添加 C 源程序，最后编译、运行程序。下面给出通过项目管理 C 源程序的上机步骤。

1. 新建控制台应用项目

在主窗口的主菜单上，选择“New”→“Project”，出现项目类型选择界面，如图 1-5 所示，选择“Console application”控制台应用类型，单击“Go”进入语言选择界面，如图 1-6 所示，选择“C”进入项目名输入界面，如图 1-7 所示，在“Project Title”下方空白行内输入项目名如“project1”，单击“Folder to create project in”的图标“...”，会弹出对话框让用户选择项目存放的文

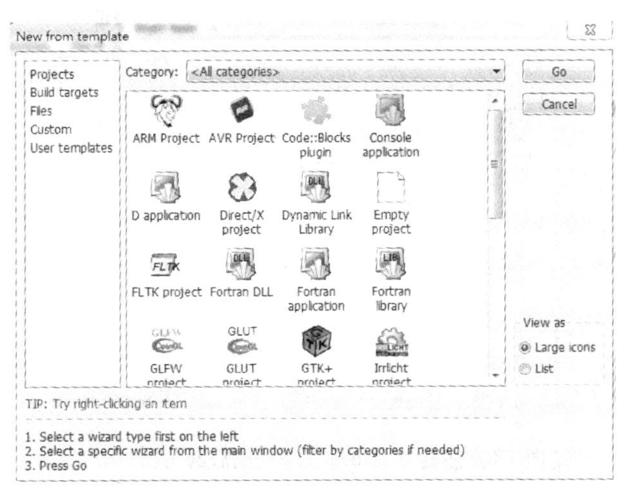

图 1-5　项目类型选择界面

件夹路径如“c:/CExamples”,单击“Next”进入新建项目完成后的主窗口界面,如图 1-8 所示,可以看见在界面的左半部分显示当前项目名 project1,在 project1 的 source 文件夹中会自动生成一个源文件名为 main.c,该文件的初始内容,如图 1-8 所示。

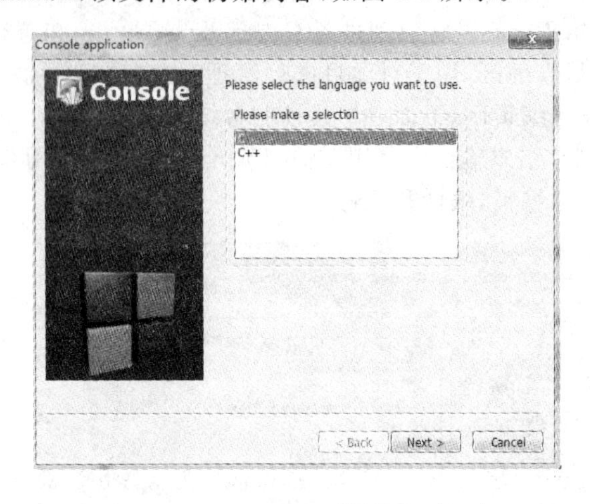

图 1-6　语言选择界面

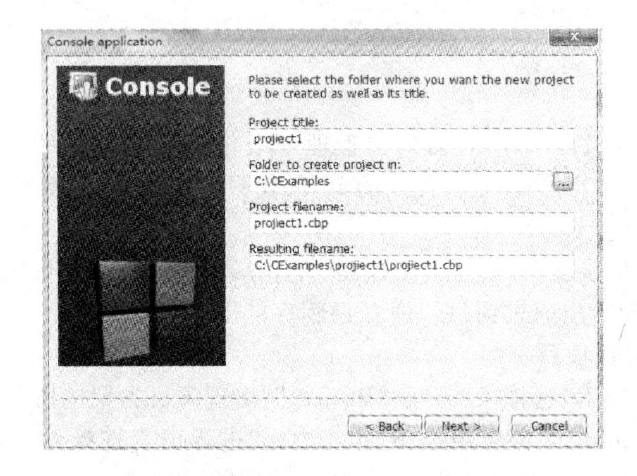

图 1-7　项目名和所在文件夹的输入界面

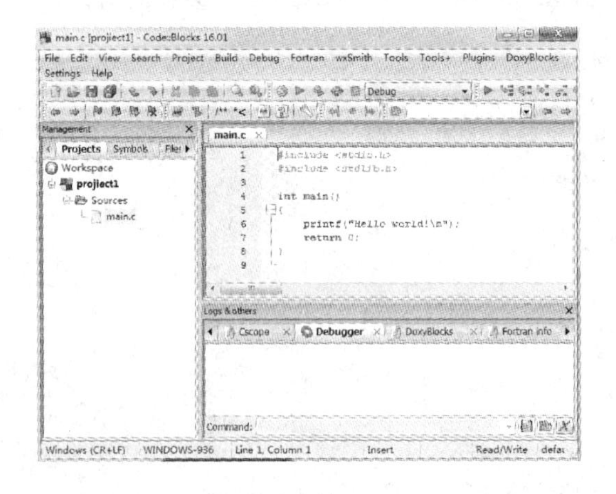

图 1-8　新建项目 project1 完成后的主窗口界面

2. 输入、编译源程序文件

在主窗口的源代码输入编辑区，把光标定位在此编辑区，逐行输入或修改 C 源代码，如图 1-8所示。

3. 给项目添加或移除 C 源文件

在工作空间/项目管理区，可以向一个项目添加、移除 C 源文件。

(1) 新建源文件并将它添加到当前项目中

给项目添加一个新文件，是指新建一个 C 源文件，并将该文件添加到当前项目。其方法是：选择"File→new→File..."，会弹出显示"New from template"选项的对话框，选中"C/C++ Source"后，单击"Go"，进入语言选择界面，选择"C"，单击"Next"，进入 C 源文件名输入界面，如图 1-9 所示，在"Filename with fullname"下方的空白行上，输入 C 源文件存放的路径和 C 源文件名，如"C:\CExamples\c1. c"，当然也可以单击按钮"..."，将弹出文件对话框，让用户选择路径和输入文件名；在"Add file to active project in build targets"复选框前打钩，表示将新建文件加入当前项目中，最后单击"Finish"，将进入 CodeBlocks 的主窗口界面，这时在项目名 project1 的 source 文件夹里，会看到新建的文件 c1. c 和其他的源文件，如图 1-10 所示。在程序编辑区，对新建的文件 c1. c 逐行输入代码内容。

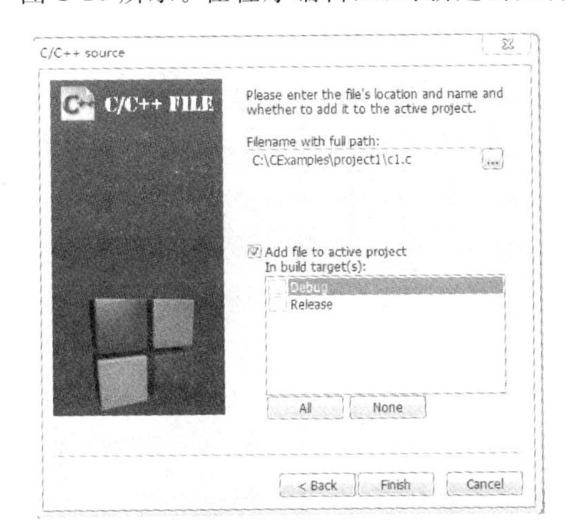

图 1-9　输入源文件名和加入在"当前项目"前打钩

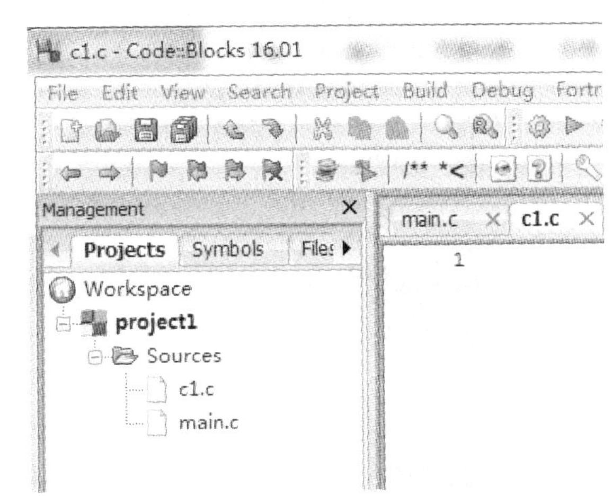

图 1-10　一个项目包含 2 个源文件

(2) 如何给一个项目添加或移除已有的文件

一个项目里，包含 main 函数的源文件只能存在一个，不能出现两个以上都包含 main 函数的源文件，否则编译会报错。这就需要对一个项目移除或添加源文件。通常要调试多个 C 程序时，如果第一个 C 程序调试成功了，在第二个 C 程序编译前必须把第一个源程序从项目中移除。当然必要时也可以添加磁盘上已经存在的文件到当前项目中。

(a) 给项目添加已有文件

右击项目名如"project1"，会出现如图 1-11 所示的界面，选择"Add files"，将弹出一个对话框，让用户选择磁盘上已经存在的文件添加到当前项目中。

(b) 从项目中移除已有文件

右击要移除的文件，如 main. c，会出现下拉式菜单，选择"Remove file from project"，移除是表示把一个文件从项目中移除，但不是真正删除该文件。必要时还可以将该文件添加到项目中。

4. Build——完成编译和连接

选择“Build→Build”,完成编译和连接。

单击主菜单栏上的“Build”,会显示它的一组子菜单项,如图 1-12 所示。Build 各子菜单项的功能如下:

Build:对 C 源文件进行编译和连接,生成可执行文件,编译和连接合二为一叫作构建。

Compile current file:对在编辑区打开的当前文件进行编译。

Run:运行 C 语言程序。

Build and run:编译、连接和运行 C 程序。

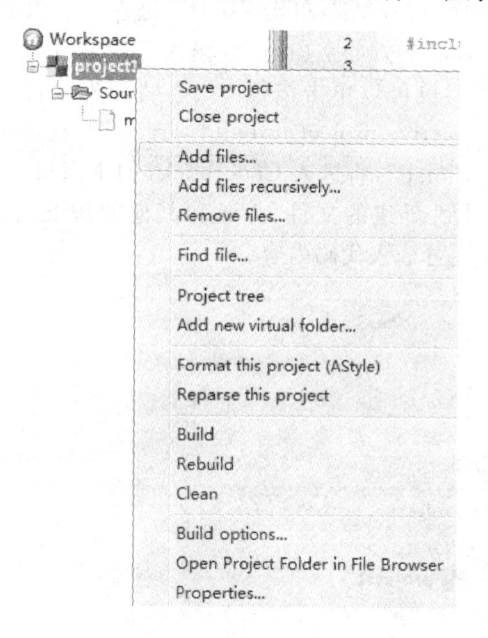

图 1-11 给项目添加已有源文件

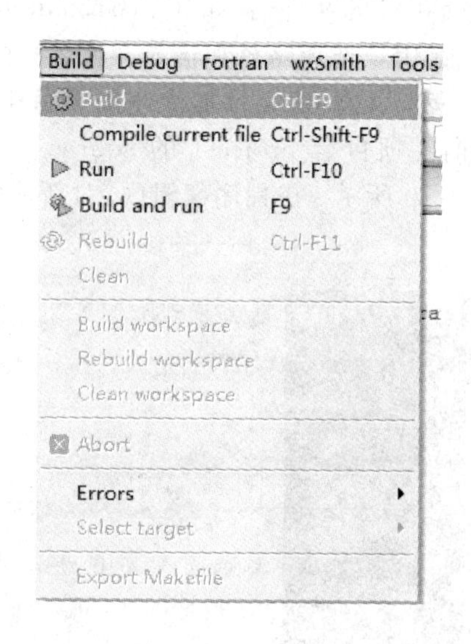

图 1-12 Build 菜单

假设要编译的源文件名为 main. c,成功编译后会生成目标文件,名为 main. o;对 main. o 连接成功后会生成可执行文件,名为 main. exe;运行可执行文件 main. exe,就会在命令窗口输出运行结果。

Build 和 Compile 的结果会在结果输出区显示。Build 有两种结果:程序有错和没有错。

(a) 如果在控制台结果输出区显示“Build finished:0 error(0)s, 0 warning(0)s”等信息,则说明编译成功,连接成功,这时可以选择下一步骤:运行 Run。

(b) 否则结果输出区会显示程序有错误的提示信息,说明程序代码有语法错误(error)。

找出错误的方法:在控制台结果输出区,双击有错误的提示信息,在上方的程序编辑区窗口中会出现一个小红色块,它指向程序出错的大约位置,一般在红色块的当前行或上面的行,能够发现出错语句,如图 1-13 所示,printf 语句少了分号结束符,后继 return 语句开头处出现小红色块。纠正错误,重新编译,不断循环这个过程,直到编译成功。

5. 运行可执行文件

单击图 1-12 的菜单项“Build→Run”,将执行可执行文件,并在 DOS 命令窗口显示程序运行输出结果,如图 1-14 所示。命令窗口的最后一行有“Press any key to continue”,是提示用户按任意键将返回 CodeBlocks 的主窗口界面。

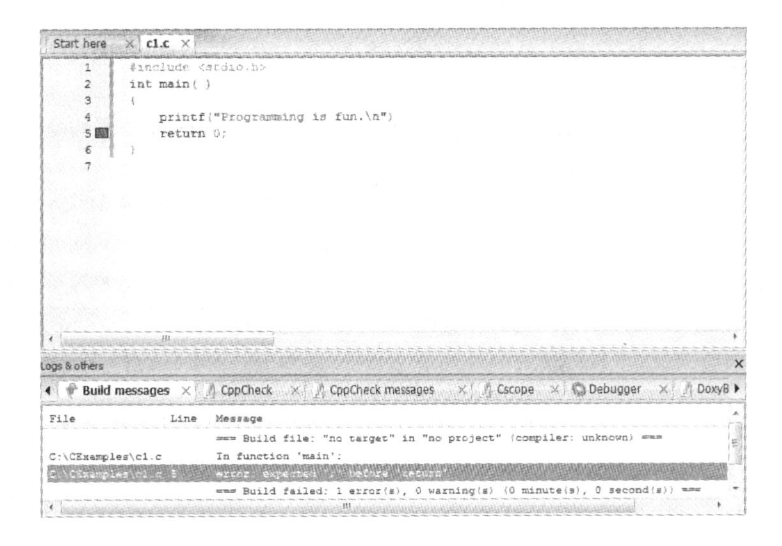

图 1-13　Build 后，结果输出区显示程序有错的情形

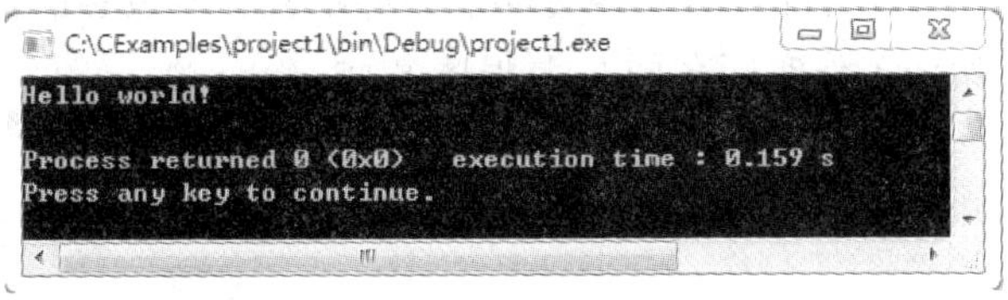

```
C:\CExamples\project1\bin\Debug\project1.exe
Hello world!

Process returned 0 (0x0)   execution time : 0.159 s
Press any key to continue.
```

图 1-14　输出运行结果的 DOS 窗口

6. 关闭工作空间

主菜单栏上选择“File→Close workspace”，将关闭程序的工作空间。一个程序经过编译、连接和运行结束后，要将它的工作空间关闭。对于一个已经保存的项目/工作空间，还可以再次打开它。

在 CodeBlocks 平台上，对于简单问题的程序，也可以不通过项目管理源文件，而是直接新建 C 源程序，即通过选择“File→new→File...”，然后编译和运行。读者自己可以试一试这个过程。

1.4.2　在 Visual C++ 6.0 集成开发环境下执行 C 语言程序

Visual C++6.0 主要安装在 Windows XP 系统上，而对于 Windows 7 以上系统，只能从网上下载 Visual C++6.0 绿色版本，能满足 C 程序基本功能要求。Visual C++ 6.0 绿色版本安装成功后，在所有程序中选择“Microsoft Visual C++ 6.0”，将进入 Visual C++ 6.0，启动后的主窗口界面如图 1-15 所示。其左半部分是工作空间/项目管理区，右半部分是源代码输入编辑区，靠下面的是结果输出区。用户可在编辑区输入、修改 C 源代码；在工作空间/项目管理区向项目添加、删除文件等；控制台结果输出区用于输出编译、连接的结果等信息。

Visual C++是以项目(project)方式来管理一组相关文件集合的，而多个项目又被组织在一个工作空间(workspace)中。C 语言程序的上机步骤，一般是新建控制台应用项目，接着新建 C 源程序并把源程序添加到项目中，最后编译、运行程序。而对于简单问题的 C 语言程序，也可直接创建 C 或 C++源文件，然后编译，编译成功时由 Visual C++系统自动生成一

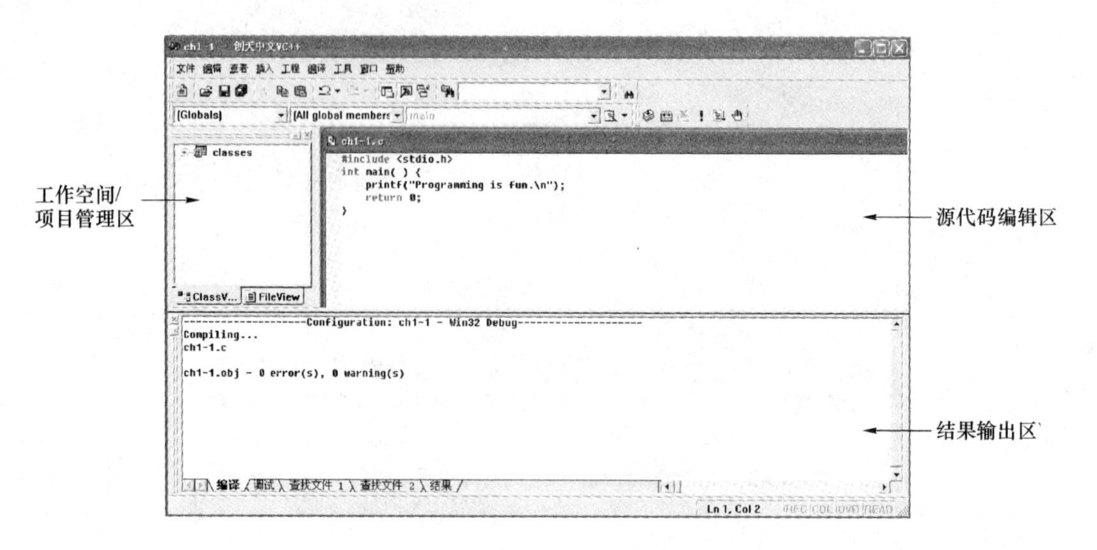

图 1-15 Visual c++ 6.0 主窗口界面

个默认项目(default project,项目名同 C 源程序名),并把源文件放在默认项目中,而默认项目被放到默认工作空间(默认工作空间名同 C 源程序名)中。

以创建项目的方式执行 C 程序的上机步骤,在本书配套的《C 语言程序设计实用教程习题解答和实验(第 2 版)》中介绍。为了简化过程,下面给出以直接创建 C 源文件方式执行 C 程序的上机步骤。

1. 新建 C(C++)源文件

进入 Visual C++ 6.0 启动界面后,在主菜单上选择"文件→新建",出现如图 1-16 所示的界面,选择"文件",选择"C++ Source File",在"文件"提示信息下方行输入要创建的 C 源文件名,如"ch1-1.c",在"位置:"下方行上输入存放 C 源文件的文件夹路径名,也可以通过单击"..."弹出对话框选择文件夹路径,如"C:\CExamples",最后选择"确定",将进入 Visual C++ 6.0 的主窗口界面,如图 1-17 所示,可以看到在程序编辑区的子窗口标题是新建的源文件名,如 ch1-1.c。在输入编辑区,逐行输入程序代码内容,如图 1-15 所示。

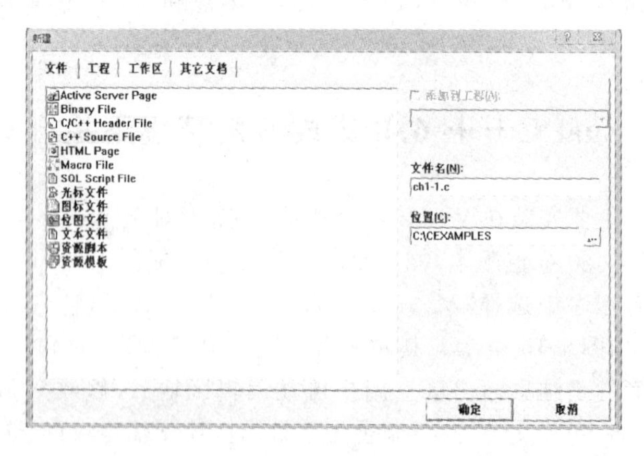

图 1-16 新建 C 源文件的选项界面

2. 组建——完成编译和连接

选择主菜单栏上的"组建→组建",完成编译和连接。

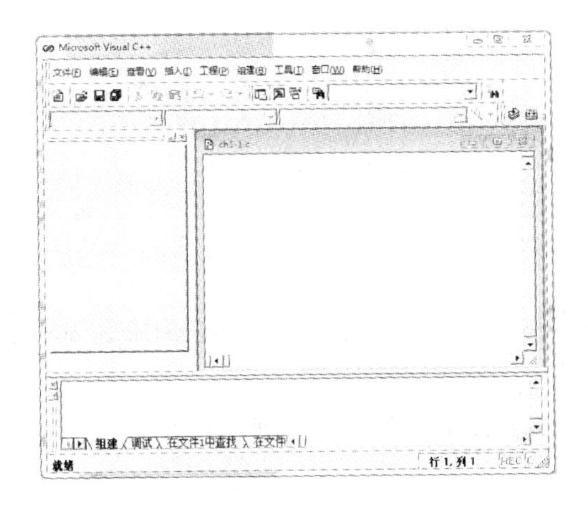

图 1-17　新建 C 源文件完成后的主窗口界面

选择主菜单栏上的“组建”，会显示它的一组子菜单项，如图 1-18 所示。常用的子菜单项功能介绍如下：

1) 编译：对在编辑区打开的当前文件进行编译；

2) 组建：对当前项目中的源文件进行编译和连接，编译和连接合二为一叫作组建(Build)；

3) 全部重建：对当前项目重新进行编译和连接；

4) 清除：清除项目中已做过的组建内容；

5) 执行：执行可执行文件. exe；

6) 开始调试：调试可执行文件. exe，用以跟踪程序运行过程中的状态信息。

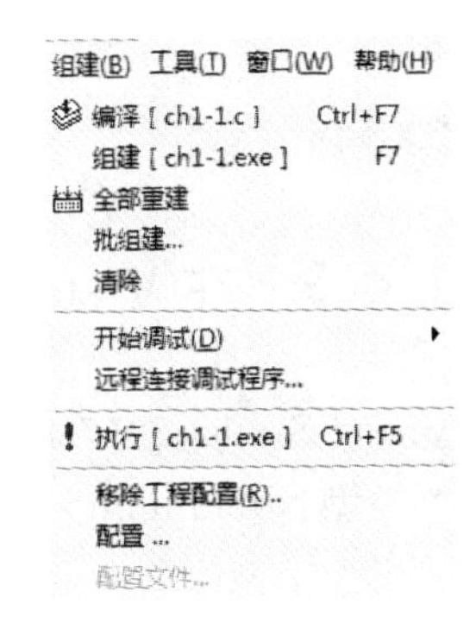

图 1-18　组建的一组子菜单

假设要编译的源文件名 ch1-1. c，成功编译后会生成目标文件名为 ch1-1. obj；对 ch1-1. obj 连接成功后会生成可执行文件名为 ch1-1. exe；运行可执行文件 ch1-1. exe，就会在命令窗口输出运行结果。

组建和编译的结果会显示在结果输出区，有两种结果：程序有错和没有错。

(1) 如果编译或组建时，在结果输出区显示“ 0 error(s)，0 warning(s)”等信息，则说明编译或组建成功；如果是仅编译成功则还需要进行组建。组建成功后才能进行下一个步骤：执行。

(2) 否则结果输出区会显示程序有错误的提示信息。用户可以根据结果输出区的出错提示信息，进入程序编辑区检查修改代码，直至没有错误为止。

找出错误的方法：在控制台结果输出区，双击有错误的提示信息，在上方的程序编辑区窗口中会出现一个蓝色箭头，它指向程序出错的大约位置，一般在箭头的当前行或上面的行，能够发现出错语句，如图 1-19 所示，因为 printf 语句少了分号结束符，蓝色箭头出现在 return 语句开头处。纠正错误，重新编译，不断循环这个过程，直到组建成功。

3. 执行

在图 1-18 上选择“组建→执行…”，将执行可执行文件. exe，并将弹出 DOS 命令窗口显示程序运行输出结果，如图 1-20 所示。命令窗口最后一行的 “Press any key to continue…”，是提示用户按任意键将返回 Visual C＋＋ 6.0 的主界面。

4. 关闭工作空间

一个程序经过编译、连接和运行结束后，要将它的工作空间关闭。

主菜单栏上选择“文件→关闭工作空间”,将关闭程序的工作空间。

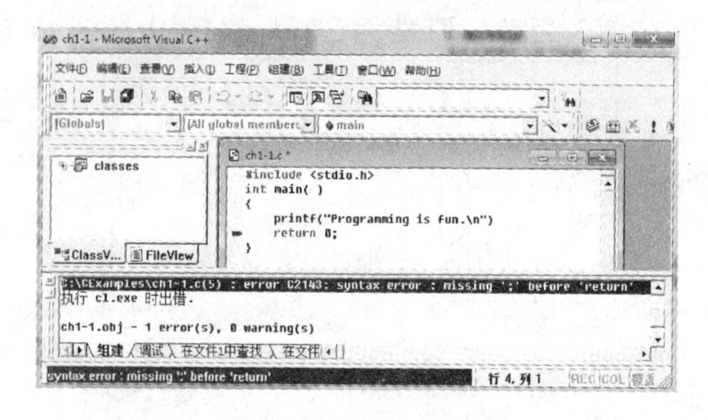

图 1-19　编译有错误的提示信息

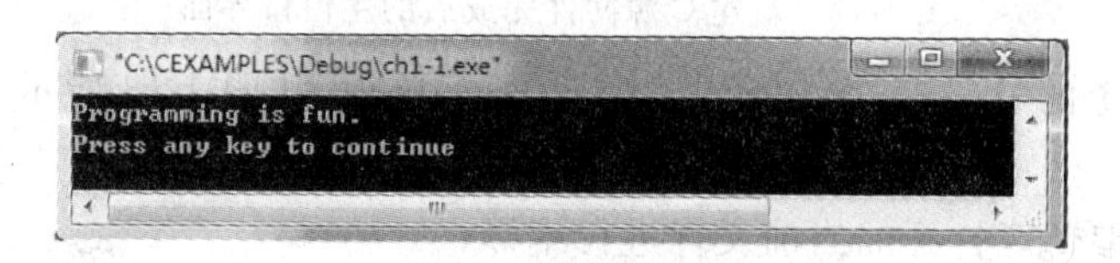

图 1-20　执行程序的输出窗口

1.4.3　在 Visual Studio 2017 集成开发环境下执行 C 语言程序

Visual Studio 2017 是目前微软网站 www.visualstudio.com 发布的最新版本,其版本分为 3 个类型:Community 版本是适用于个体开发人员的免费、全功能型 IDE;Professional 版本是适用于小型团队专业开发人员的工具和服务;Enterprise 版本是满足任何规模团队的生产效率和协调性需求的 Microsoft DevOps 解决方案。这里下载的是 Visual Studio Community 免费版本,下面讨论安装中关键性的步骤。

1. 安装和配置

(1) Visual Studio Community 版本,在下载和安装过程中的界面配置选项如图 1-21 所示,正确安装完成后,启动运行后进入的主窗口界面如图 1-22 所示。

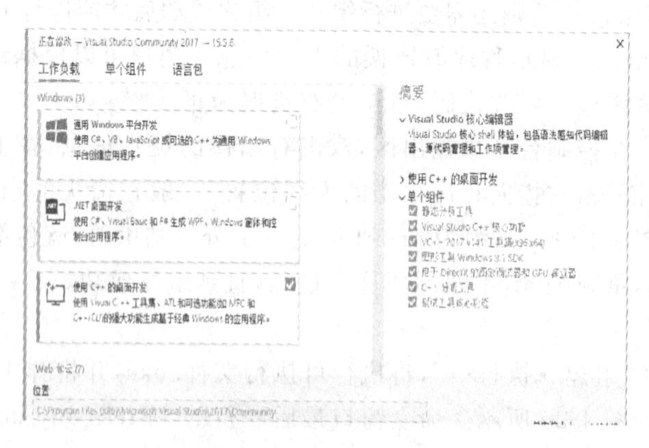

图 1-21　安装中的主要界面选项配置图

打开项目属性,设置预编译选项值为“/D_CRT_SECURE_NO_WARNINGS”。方法:创建好某一个控制台应用项目(例如项目名为 Project1)后,在主窗口界面的主菜单栏上,选择"项目→Project1 属性",出现项目属性对话框,选择"C/C++→命令行",在"其他选项"提示的下一行输入内容:"/D_CRT_SECURE_NO_WARNINGS",如图 1-23 所示。以上设置完成后,对某一项目重新生成解决方案,控制台结果输出区显示成功,如图 1-22 所示。

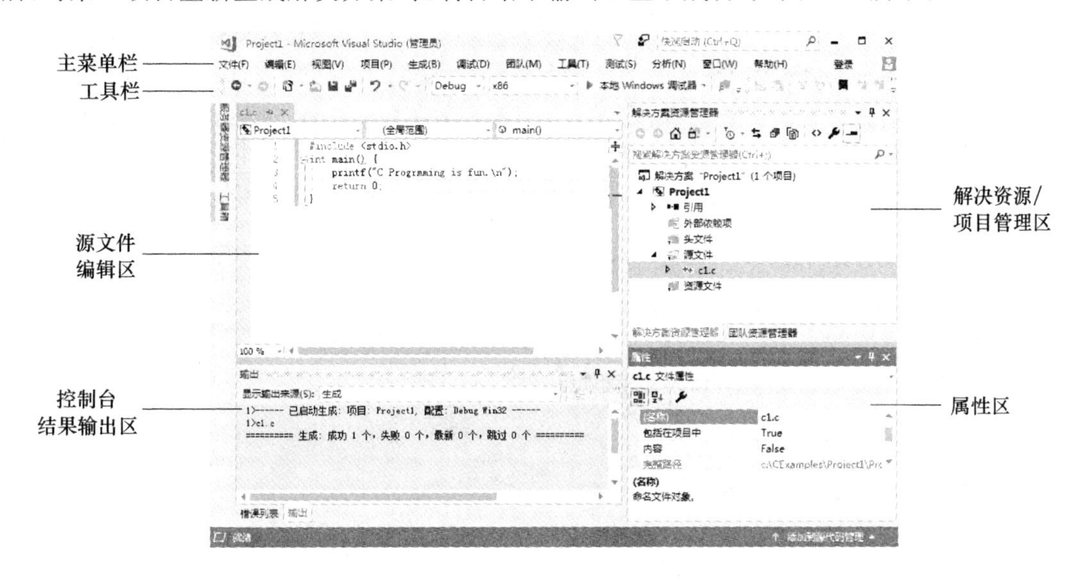

图 1-22　Visual Studio 2017 主窗口界面

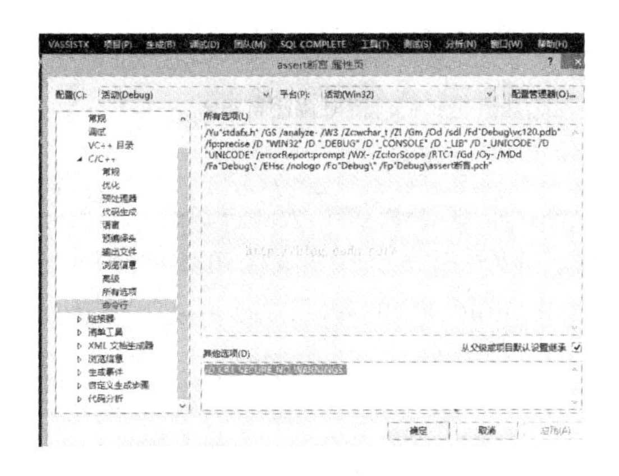

图 1-23　项目属性中配置预编译选项

2. 执行 C 程序的上机步骤

Visual Studio 2017 是以项目为单位管理一组相关的文件,一个 C 程序文件必须包含在某一个项目中才能被编译、运行。而一组项目又被包含在一个解决方案中。

在 Visual Studio 2017 环境下执行 C 程序的过程,包括四个步骤:创建项目、给项目添加文件、生成解决方案和执行项目。

(1) 创建一个控制台应用项目

选择"文件→新建→项目→Windows 桌面→Windows 桌面向导",在"名称"中输入项目名,如 project1,在"位置"中输入项目存放的文件夹路径,如:C:\CExamples\,如图 1-24 所示,单击"确定",出现如图 1-25 所示的界面,在"空项目"上打勾,其他选项不打钩,单击"确定",进入主窗口界面,如图 1-26 所示。

图 1-24　新建项目界面 1

Windows 桌面项目

应用程序类型(T):

控制台应用程序(.exe)

为以下项添加常用标头:

ATL(A)

MFC(M)

其他选项:

空项目(E)

导出符号(X)

预编译标头(P)

安全开发生命周期(SDL)检查(C)

确定　取消

图 1-25　新建项目界面 2

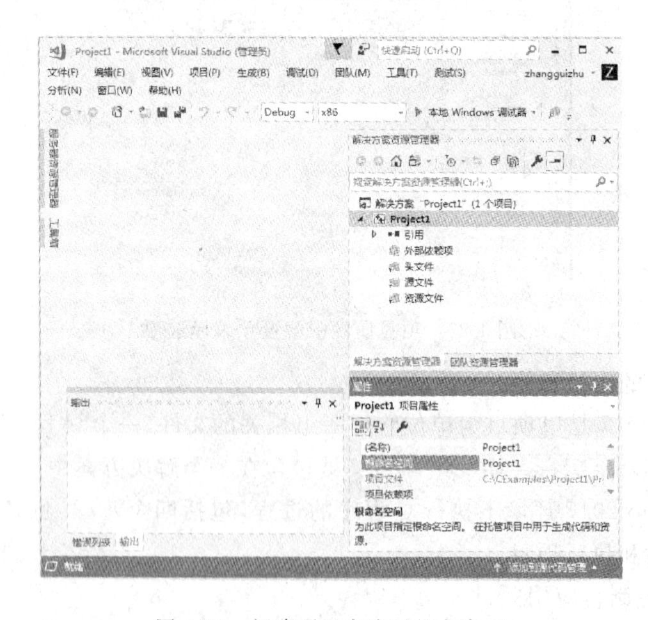

图 1-26　新建项目完成后的主窗口

(2) 新建 C/C++源文件并把它加入到当前项目中

在解决方案资源管理区窗口里,右击"源文件",在出现的下拉式菜单上选择"添加→新建项",出现如图 1-27 所示的菜单,选择"C++文件(C++)",在"名称"中输入源文件名,如

ch1-1.c，文件的后缀为.c（默认.cpp）。单击“添加”，出现主窗口界面，如图 1-22 所示，在源文件编辑区，逐行输入程序内容。

（3）如何给一个项目添加或移除现有的 C 源文件

现有的文件是指磁盘上已经建好的 C 源文件。

（a）给项目添加现有文件

在解决方案资源管理区窗口里，右击“源文件”，出现下拉式菜单，如图 1-27 所示，选择“添加→现有项”，出现文件对话框，选择要添加的现有文件名，单击“添加”，就完成了文件的添加。这时展开“源文件”文件夹内容，可以看到刚刚添加的文件名。

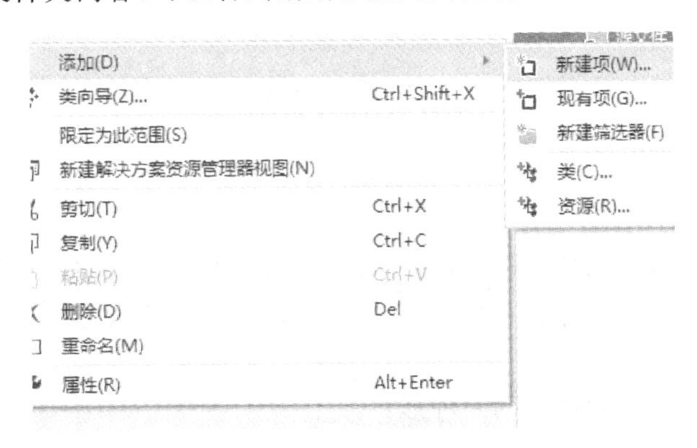

图 1-27　添加文件的下拉菜单

（b）将文件从项目中移除

右击要移除的文件，会出现下拉式菜单，选择“移除”，则表示把此文件从项目中移除，但不是删除此文件，必要时还可以将此文件添加到项目中。

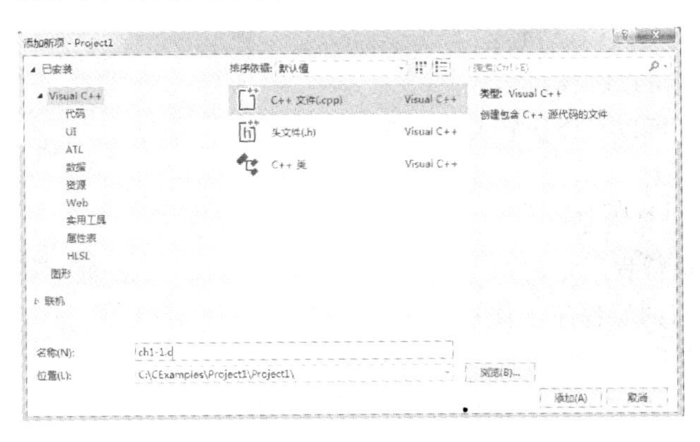

图 1-28　输入源文件名界面

3. 生成解决方案——编译、连接 C 程序

选择“生成→生成解决方案”，对项目中的文件进行编译和连接，生成可执行文件。

4. 运行

选择“调试→开始执行（不调试）”，执行可执行文件，输出程序运行结果。

5. 关闭解决方案

选择“文件→关闭解决方案”，将关闭解决方案/项目。

1.5 本章小结

程序设计的概念:程序、程序设计语言、编译程序、程序设计开发过程。

C 语言程序的运行过程:编辑、编译、连接和执行。

C 语言程序的两种集成开发环境 CodeBlocks 和 Visual C++的下载、安装和使用过程。

如何对编译中出现的错误进行纠错。

习 题

1.1 什么是程序?

1.2 什么是机器语言、汇编语言和高级语言? 编译程序的功能是什么?

1.3 说说 main 函数的功能。举例说明什么是函数头和函数体。说出 main 函数常见的书写方式。

1.4 说说 C 语言中注解语句的两种形式。

1.5 说说#include 语句的作用。

1.6 C 语言中的语句结束符是什么?

1.7 选择题

(1) 计算机高级语言程序的运行方法有编译执行和解释执行两种,以下叙述中正确的是(　　)。

A) C 语言程序仅可以编译执行

B) C 语言程序仅可以解释执行

C) C 语言程序既可以编译执行又可以解释执行

D) 以上说法都不对

(2) 以下叙述中错误的是(　　)。

A) C 语言的可执行程序是由一系列机器指令构成的

B) 用 C 语言编写的源程序不能直接在计算机上运行

C) 通过编译得到的二进制目标程序需要连接才可以运行

D) 在没有安装 C 语言集成开发环境的机器上不能运行 C 源程序生成的.exe 文件

(3) 不同于 C++,C 语言源程序的后缀名为(　　)。

A. .c　　B. .obj　　C. .txt　　D. .cpp

(4) 一个 C 程序的执行是从(　　)。

A. 本程序文件的第一个函数开始,到本程序文件的最后一个函数结束

B. 本程序的 main()函数开始,到本程序文件的最后一个函数结束

C. 本程序文件的第一函数开始,到本程序 main()函数结束

D. 本程序的 main()函数开始,到 main()函数结束

1.8 参照教材例 1-2,编写完成两个整型数的加、减、乘、除的程序。

1.9 改正下列程序中的错误,使它能输出圆的周长和面积。要求在 C 环境下直接输入

下面的程序，然后编译，学会通过观察控制台编译器输出的错误提示信息，不断纠正程序中的语法错误。

```
#include <stdio.h>
#define PI 3.14
void main() {
int R,C
float perimeter; float area;
R = 5;
Perimeter = 2 * R * PI;
Area = PI * R * R
printf("%f","%d",&perimeter,&area,);
}
```

第 2 章　顺序结构程序设计

任何程序设计语言，都是由语言的基本语法和语义构成。本章将介绍编制 C 语言的顺序结构程序设计所必需的基础知识，包括 C 语言程序的组成结构、数据的机内表示、基本数据类型、变量、常量、指针变量、表达式、赋值语句以及基本输入和输出语句等。最后讨论顺序结构程序设计的应用实例。掌握这些基础知识，是书写正确的 C 语言程序的前提条件。

2.1　C 语言程序结构

下面以一个程序为例，对 C 语言的程序结构进行介绍。

例 2-1　从键盘输入半径，求圆的周长和面积。

算法思路：

(1) radius：存放从键盘输入的半径；

(2) 计算周长：perimeter＝2 * radius * PI；

(3) 计算面积：area＝PI * radius * radius；

(4) 输出 perimeter 和 area 的值。

程序代码如下：

```
#include <stdio.h>
double PI = 3.14;
void main( ) {
    int radius;
    double perimeter,area;
    printf("Input a radius:");          //提示输入半径
    scanf(" %d",&radius);               //输入数据赋值给变量 radius
    perimeter = 2 * radius * PI;        //计算周长，赋值给变量 perimeter
    area = PI * radius * radius;        //计算面积，赋值给变量 area
    //输出 perimeter 或 area 的值时，格式描述符"%.2f"表示输出浮点数取两位小数
    printf("The perimeter is %.2f ,The area is %.2f\n",perimeter,area);
}
```

程序运行结果：

```
Input a radius: 4
The perimeter is 25.12 ,The area is 50.24
```

分析此程序代码结构，可知 C 源程序由三个要素组成。

(1) 编译预处理命令。例如包含命令 #include<stdio.h>。C 编译程序在对源程序进行

编译前，先由预处理器对预处理命令进行预处理。＃include＜stdio. h＞是用文件 stdio. h 的内容替换包含命令。

（2）全局声明。包括全局变量声明和函数原型声明。全局变量声明是在函数之外声明的变量，提供给整个源文件使用。例如 double PI＝3. 14，全局变量声明的详细讨论见第 5 章的 5. 8节。

（3）函数定义。一个 C 语言程序是由一个或多个函数组成的，其中只能有一个 main 函数。而函数又是由一组语句组成的。比语句更小的语法单位是表达式、变量、常量和关键字等，C 语言的语句就是由它们构成的。

2. 1. 1　字符集

字符集是构成 C 语言的基本要素。用 C 语言编制程序时，除双引号括住的字符串外，其他所有成分都只能由字符集中的字符构成。C 语言的字符集如下：

大小写的英文字母：A～Z，a～z。

数字字符：0～9。

特殊字符：空格！％ ^&_（下划线）＋ ＊ ＝ - ～＜＞ / \‘ “ ；. ，( )[ ] {}。

2. 1. 2　词法记号

词法记号是程序中最小的有意义的单词。C 语言中的词法记号有：关键字、标识符、文字、运算符、分隔符、空白符。下面分别介绍它们。

1. 关键字

关键字是 C 语言预定义的单词，又称保留字。这些单词在程序中具有不同的使用目的。下面列出 C 语言中的一些关键字：

auto break　case char　continue const　default double　do　else　float for　if int long NULL return　switch　short　signed true　this　unsigned void　while。

关于这些关键字的意义和用法，我们将在后续章节介绍。

2. 标识符

标识符是编程人员自己定义的单词，用于命名程序正文中的一些实体，如有变量名、常量名、函数名等。C 语言标识符的构成规则如下。

- 以字母、下划线(_)开始。
- 可以由大写字母、小写字母、下划线(_)或数字 0～9 组成。
- 不能是 C 语言的关键字。
- 大写字母和小写字母是有区别的，代表不同的标识符。

标识符的长度是任意的。标识符中不能含有空格或标点符号。例如：

合法的标识符：identifier ，userName ，User_Name ，_sys_value ，change。

非法的标识符：2mail（不能使数字开头），room＃（不能含有＃），my name（不能含空格），if（不能同关键字）。

标识符的命名最好能代表它所表示的含义，如：hour（小时）、birthDate（出生日期）、counter（计数器）、person（人）都是比较好的名字。

3. 文字

文字是在程序中直接使用符号表示的数据,包括数值、字符、字符串文字等,如123,34.56,'A',"Hello"等,在本章2.2.2节将详细介绍各种文字常量的使用。

4. 运算符(操作符)

运算符是用于各种运算的符号,如:+,-,*,/等。它指明对操作数的运算方式。

运算符按功能可分为:

- 算术运算符:+,-,*,/,%,++,--。
- 关系运算符:＞,＜,＞＝,＜＝,＝＝,!＝。
- 逻辑运算符:!,&&,||。
- 位运算符:＞＞,＜＜,&,|,^,~。
- 赋值运算符:＝,+＝,-＝,*＝,/＝等。
- 条件运算符:?:。
- 其他:· ,[ ],()等。

运算符按操作数的个数分为:

- 单目运算符:运算符需要1个操作数。如-a。
- 双目运算符:运算符需要2个操作数。如a+b。
- 三目运算符:运算符需要3个操作数。如e1? e2:e3。

本章将详细讨论算术运算符和赋值运算符,在后续章节中将详细讨论其他运算符的含义和使用。

5. 分隔符

分隔符用于分隔各个词法记号或程序正文,如:( ){ },:;等,这些分隔符不表示任何实际的操作,仅用于分隔单词,具体用法将在以后的章节中介绍。

6. 空白符

空白符用于指示单词的开始和结束位置。空白符是空格(space)、制表符(Tab键产生的字符)、换行符(Enter键所产生的字符)和注释的总称。

2.2 数据的机内表示和存储

介绍数据在计算机内部的存储方式,是为了更好地理解程序中的常量和变量等数据在计算机内部的含义。

2.2.1 二进制、八进制、十六进制

1. 二进制、八进制和十六进制

数据在计算机内部都是以二进制形式保存的,这是因为在计算机中是以器件的物理状态来表示数据的。如晶体管的导通和截止、继电器的接通和断开、电脉冲电平的高和低,两种状态以0和1表示。

十进制数系统的特点:基数是10,有0～9十个数字,逢10进1。例如,一个十进制数2549

可按权展开为：

$$2549=2\times10^3+5\times10^2+4\times10^1+9\times10^0$$

二进制数的基数是 2，有 0 和 1 两个数字，每位的权是以 2 为底的幂。十进制数字 0 到 9 对应的二进制数如表 2-1 所示。

表 2-1　十进制数 0 到 9 对应的二进制数

十进制数	0	1	2	3	4	5	6	7	8	9
二进制数	0	1	10	11	100	101	110	111	1000	1001

例如，一个二进制数 1011 可按权展开为：

$$1101_2=1\times2^3+1\times2^2+0\times2^1+1\times2^0=13_{10}$$

它对应的十进制数值为 13。11111110 对应的十进制数值为 254。二进制数在进行加减乘除运算时，遵循逢 2 进 1 原则。

在人机交流上，二进制的弱点就是数位的书写特别冗长。例如，十进制的 1022 写成二进制为 1111111110。为了解决这个问题，在计算机的理论和应用中还使用两种辅助的进位制——八进制和十六进制。表 2-2 给出了几种进制数。十六进制要求使用十六个不同的符号，除了 0～9 十个数字外，常用 A、B、C、D、E、F 六个字母（大小写都可以）分别代表（十进制的）10、11、12、13、14、15。例如，十进制的 1022 写成八进制是 1776，写成十六进制是 3FE。

表 2-2　二进制、八进制、十进制和十六进制

进制	基数	进位原则	基本符号
二进制	2	逢 2 进 1	0,1
八进制	8	逢 8 进 1	0,1,2,3,4,5,6,7
十进制	10	逢 10 进 1	0,1,2,3,4,5,6,7,8,9
十六进制	16	逢 16 进 1	0,1,2,3,4,5,6,7,8,9,A,B. C. D. E,F

2. 进制之间的转换

十进制整数转换成 R（R 为二或八或十六）进制的整数，可采用除 R 取余法。即十进制数连续地除以 R，其余数序列的倒排，即为相应 R 进制数的各位系数。例如，十进制数 41 转换为二进制数，采用除 2 取余法：

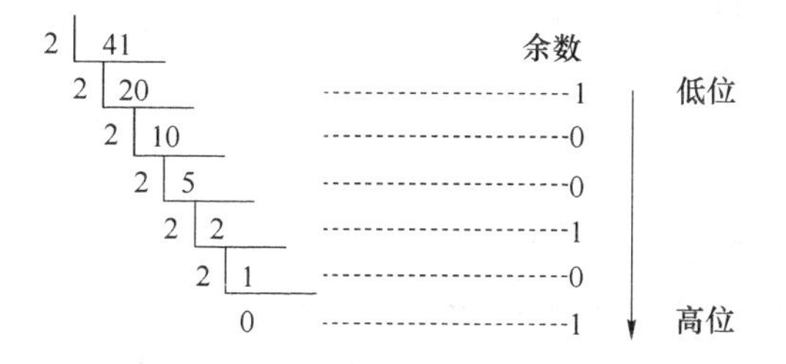

所以 $41_{10}=101001_2$。

二进制和八进制、十六进制之间的换算十分简便，二进制的三个数位相当于八进制的一个数位，二进制的四个数位相当于十六进制的一个数位。例如：

$1022_{10}=1111111110_2=1776_8=3FE_{16}$

3. 数据的存储度量单位

在计算机内部,数据的存储单位有 bit(二进制位)、B(字节)、KB(千字节)、MB(兆字节)、GB 和 TB。bit 是数据度量最小的单位,表示一位二进制数。字节是数据存储中最基本的单位,计算机的存储器是以多少字节来表示容量的。一个字节表示的数值范围为0～255,两个字节表示的数值范围为 $0 \sim 2^{16}-1$。各存储单位之间的换算关系如下:

1 B=8 bit　　　　1 KB=1024 B

1 MB=1024 KB　　　　1 GB=1024 MB　　　　1 TB=1024 GB

2.2.2 原码和反码

在计算机内部,数据以二进制编码表示,在存储时会用到原码、反码和补码的概念。

一个数的原码定义为符号位后跟二进制数本身。假设机器用一个字节存储数据(即字长为 8 bit),原码举例如下:

$[25]_{原} = +00011001$　　　　$[-25]_{原} = -00011001$

数的反码定义为对二进制数的每一位求反(即 0 变成 1,1 变成 0)。例如:

$[11001011]_{反} = 00110100$

2.2.3 补码——有符号整数的机内表示形式

数有正、负之分,计算机内用一个二进位表示数的符号(即 0 表示正号,1 表示负号),且符号位一般放在数的最高位。补码是有符号整数的机内表示形式,下面讨论数的补码表示法。

假设数的机器表示的字长为 1 个字节,求数的补码方法一:

$[X]_{补} = X$　　　　$(X \geqslant 0)$

$\qquad\quad 2^8 - |X|$　　　　$(X<0)$,$|X|$ 表示取 X 的绝对值

例如:对于用一个字节表示的机器数据,补码的举例:

$[67]_{补}$ = 01000011

$[-65]_{补}$ = 10111101　　　　(256−65=191)

$[0]_{补}$ = 00000000

$[127]_{补}$ = 01111111

$[-128]_{补}$ = 10000000　　　　(256−128=128)

字长为 1 B 的补码能表示的数的范围: $-2^7 \sim 2^7-1$。其中:−128～−1(负数),0～127(正数)。

字长为 2 B 的补码能表示的数的范围: $-2^{15} \sim 2^{15}-1$。

观察有符号数的补码,可以发现补码的最高位正好代表符号位(0 表示正数,1 表示负数)。

补码的扩充规则:将一个 m 位的补码,扩充成 n 位的补码,$n>m$,只要将 $(n-m)$ 的高位部分用符号位填充即可。

例如:127,一个字节表示的补码为 0111 1111,二个字节表示的补码为 0000 0000 0111 1111,高字节用符号位 0 填充。

−127,一个字节表示的补码为 $1000\ 0001_2$ 或 81_{16},四个字节表示的补码为 $FFFFFF81_{16}$,高位部分的三个字节用符号位 1 填充。

求负数的补码方法二：

负数的补码＝数的原码各位求反＋1。例如：

[－46]原＝－00101110　　　－00101110　（原码）

　　　　　　　　　　　　　11010001　（求反）

　　　　　　　　　　　＋　　　　　1　（加 1）

　　　　　　　　　　　　　11010010　（得到补码）

求负数的补码方法三：

对数的原码从最低位开始向左寻找出现 1 的第一个位置，设为 b_k，将 b_k 右边的位保持不变（包括 b_k 位本身），b_k 左边的各位取反，得到的结果就是负数的补码。

已知一个数的补码，求其原码的过程：若符号位为 0，则原码等同于补码；若符号位为 1，则求原码的方法与上述求负数的补码方法三相同。请读者通过例子验证上述方法。

2.2.4　浮点数的机内表示形式

浮点数是用来表示含有小数部分的实数，例如－19.4、3.14159、2.0、5.0125。如何将十进制浮点数转换成二进制格式？其整数部分采用上节介绍的“除 2 取余”法，小数部分采用“乘 2 取整”法。例如，$0.125_{10} = 0.001_2$ 化为二进制形式的“乘 2 取整”过程如下：

0.125 * 2＝0.25，取乘积整数部分 0；

0.25 * 2＝0.5，取乘积整数部分 0；

0.5 * 2＝1.0，取乘积整数部分 1，乘积小数部分 0。结束乘 2 取整过程。

最后顺序排列上述取整的序列得到 0.001。

又如，$5.75_{10} = 101.11_2$，因为 0.75 * 2＝1.5，取乘积整数部分 1；0.5 * 2＝1.0，取乘积整数部分 1，乘积小数部分 0；结束。

有些十进制浮点数换算为二进制数时，会出现小数部分的二进位数无限的情况。例如：0.3 化为二进制的过程：

0.3 * 2＝0.6，取 0；0.6 * 2＝1.2，取 1；0.2 * 2＝0.4，取 0 ；

0.4 * 2＝0.8，取 0；0.8 * 2＝1.6，取 1；0.6 * 2＝1.2，取 1。

换算到这里，你会发现换算过程会陷入无限次重复中，这表明小数部分的二进位数是无限的。此时我们就需要考虑计算机的字长，取有限长度的二进制位数作为原十进制小数的近似值。例如取 12 个二进位时，有 $0.3_{10} \approx 0.010011001100_2$。正因为如此，我们通常会说计算机存储浮点数时，只能近似地存储，而不能精确地存储。

二进制浮点数在计算机内的存储格式如表 2-3 所示，它由符号位、小数部分和指数部分组成。符号位用 1 bit 表示，其中，0 表示大于等于 0，1 表示小于 0；指数部分代表 2 的幂次方；小数部分约定小数点前面只有 1 位有效二进位数值（总为 1），符合这个要求的二进制浮点数被称为规范化的二进制指数形式。例如 $5.75_{10} = 101.11_2 = 1.0111 * 2^{10}$，是规范化的二进制指数形式：符号位为 0，小数部分为 1.0111，指数部分为 10(2)。在后面 7.6.3 节的例题中，我们会用程序输出十进制整数和浮点数的机内存储的二进制格式。

表 2-3　浮点数在内存的存储格式

符号位 sign	指数 exponent	小数 fraction

2.3 数据类型

数据类型规定了对数据分配存储单元的长度(占多少个字节)和数据的存储形式。C语言的数据类型分为基本数据类型和构造数据类型。

基本数据类型如表2-4所示,是C语言本身定义的数据类型,在程序中可直接使用。表2-4给出的32位机上数据类型的占用位数。基本类型有6种,又分为3类:整型、浮点型、字符型。

整数类型包括short、int、long,允许取值为整数,如123,567,它们都是有符号整数,并且按照长度分类。short类型的范围是-32768~32767。int类型最常用,能基本满足需要的数值范围,再大的整数用long类型。

表2-4 32位机C语言的基本数据类型

数据类型	关键字	占用位数	取值范围
短整型	short	16	-32768~32767,即$-2^{15}\sim 2^{15}-1$
整型	int	32	-2147483648~ 2147483647,即$-2^{31}\sim 2^{31}-1$
长整型	long	32	$-2^{31}\sim 2^{31}-1$
浮点型	float	32	$1.2*10^{-38}\sim 3.4*10^{38}$
双精度浮点型	double	64	$2.3*10^{308}\sim 1.7*10^{308}$
字符型	char	8	-128~127,即$-2^{-7}\sim 2^{7}-1$

浮点类型包括float和double,允许取值为带小数的实数,如123.46。例如,计算平方根或计算正弦、余弦等,这些计算结果的精度要求使用浮点型。双精度浮点型double比单精度浮点型float的精度更高(即小数的有效位数更多),表示数据的范围也更大。

字符型char的取值为单个字符,如'A'、' '。

对于整数类型和字符型,在其类型前可用signed和unsigned加以修饰。signed表示有符号型,unsigned表示无符号型。

对于int和long型,前面可用long加以修饰,使表示的整数值的范围更大。

对于double型,在其类型前可用long加以修饰,表示长双精度浮点型long double,它表达的小数有效位数会更多,表示数据值的范围也更大。

C语言的各种基本数据类型占用的内存长度,与具体的软硬件平台环境是有关的。表2-4给出的是Visual Studio平台上C语言数据类型的占用位数,而在小、中、大型机平台上long类型的占用位数通常是int类型的双倍。使用数据类型时,由于各种不同的类型表示的数据范围不同,所以要根据需要选择合适的数据类型。

C语言的构造数据类型是用户根据自己的需要自定义的数据类型,又称为用户自定义类型。构造数据类型包括指针类型、数组类型、结构类型、枚举类型、共用体类型等,本章将详细介绍基本数据类型及其使用,构造数据类型将在后续章节详细讨论。

2.4 常　　量

常量是指在程序运行的整个过程中其值始终不可被改变的量，也就是直接使用文字符号表示的值，通常也称作常数 constant。例如，123，5.6，'B'都是文字常量。C 语言中的常量有四种类型：整型常量、浮点型常量、字符常量和字符串常量。下面分别讨论它们。

2.4.1 整型常量

整型常量即以文字形式表示的整数，包括正整数、负整数和零。

C 的整型常量的表示形式有：十进制、八进制和十六进制。

(1) 十进制的整型常量的一般形式，与数学中的表示形式一样：

[±]若干个 0～9 的数字

中括号里面的内容为可选内容。正数的符号可省略。如：100，－50，34560。

(2) 八进制的整型常量，用 0(零)开头的数值表示：

[±]0 若干个 0～7 的数字

例如，0123，表示十进制数 83；－011，表示十进制数－9。

(3) 十六进制的整型常量，用 0x 或 0X 开头的数值表示：

[±]0x 若干个 0～9 的数字和 A～F 的字母(大小写均可以)

例如，0x2F 代表十进制的数字 47。0x123 表示十进制数 291，－0X12 表示十进制数－18。

整型常量可分为一般整型(int)常量和长整型(long)常量，其中 int 型常量如 123，－34。long 型常量的尾部有一个大写的 L 或小写的 l，如－386L，017777l。无符号型常量后缀加 u，如 0xff34u。

2.4.2 浮点型常量

浮点型(实型)常量表示的是可以含有小数部分的数值常量。根据占用内存长度的不同，可以分为单精度浮点常量和双精度浮点常量两种。单精度浮点常量占用 32 位内存，用后缀 F 或 f 表示，如 19.4F，3.0513E3f，8701.52f；双精度浮点常量占用 64 位内存，用带 D(或 d)或不加后缀的数值表示，如 2.433E-5D，700041.273d，3.1415。

浮点常量有两种不同的表示形式：一般形式和指数形式。

一般形式由数字和小数点组成。如 0.123，1.23，－123.0。

指数形式由实数部分和指数部分组成。如：0.123e3 表示 0.123×10^{3}，－35.4E－5 表示 -35.4×10^{-5}，其中 e 或 E 之前必须有数字，且 e 或 E 后面的指数必须为整数。

2.4.3 字符常量

字符常量是用一对单引号引起来的单个字符，这个字符可以是拉丁文字母表中的可显示字符，如'a'，'Z'，'8'，'#'；也可以是转义字符，如'\n'。C 语言的一个字符用一个字节的

ASCII 编码表示,总共可以表示 256 个不同的字符,字符与 ASCII 编码对照表请见附录 A。下面给出常用字符对应的 ASCII 编码值:

'A'~'Z':65,66,67,…,90　(按字母次序递增 1)

'a'~'z':97,98,99,…,122　(按字母次序递增 1)

'0'~'9':48,49,…,57　(按数字次序递增 1)

空 NULL 或'\0':0

空格' ':32

转义字符是一些有特殊含义、很难用一般方式表达的字符,如回车、换行等是一些不可显示的字符。为了表达清楚这些特殊字符,C 语言中引入了转义字符的定义,即用反斜线(\)开始,常用转义字符如表 2-5 所示。'\0'是字符串的结尾标志字符,'\n'换行符的 ASCII 值为 10。当然普通字符也可用转义字符表示,如'A'可表示为转义符'\101'或'\x41'。

表 2-5　常用转义字符

转义字符	含义	ASCII 码(十进制)	三位八进制数表示的字符	十六进制数表示的字符
'\b'	退格	08	'\010'	'\x8'
'\t'	水平制表符	09	'\011'	'\x9'
'\n'	换行	10	'\012'	'\xa'
'\r'	回车	13	'\015'	'\xd'
'\'	字符\	92	'\134'	'\x5c'
'\"'	双引号	34	'\042'	'\x22'
'\''	单引号	39	'\047'	'\x27'
'\0'	NULL	00	'\000'	'\x0'
'\ddd'	三位八进制数表示的字符		d 取值 0~7	
'\xdd'	十六进制数表示的字符		d 取值 0~F	

要注意:字符'1'和整数 1 是不同的概念,因为它们在计算机内存放的数值分别是 49 和 1。

2.4.4　字符串常量

字符串常量是用双引号引起来的若干个字符(可以是 0 个)。例如:

"Hello"是包含 5 个字符的串,即字符串长度为 5。

"How are you?"是包含 12 个字符的串,其中空格也是一个字符。

" "是含有一个空格的字符串,字符串长度为 1 个字符。

""的字符串长度为 0,叫空串。

"我们"的字符串长度为 4,一个汉字相当于 2 个字符。

"My\nJava"是含有转义字符的字符串,它的字符串长度为 7 个字符。

要注意字符与字符串的书写区别:字符是用单引号引起来的一个字符,而字符串是用双引号引起来的 n 个字符($n \geqslant 0$)。例如,""是具有 0 个字符的合法字符串;而''是非法的字符,因为一对单引号中不能无字符。

书写字符串时要注意,标志字符串开始和结束的一对双引号位置必须在源代码的同一行上,不能跨行。

2.4.5　逻辑型常量

在程序流程控制中经常会用到逻辑型值。例如：

if（条件表达式）动作 1；else　动作 2；

其中判断条件表达式的结果就是逻辑值。逻辑型（或称为布尔型）常量只有 true 和 false 两种值，分别代表判断条件的真 true 和假 false。

要注意的是：C 语言中不能直接使用逻辑型常量 true 和 false，逻辑型值被映射成了整型值，即用 0 代表 false，用非 0 的整数代表 true。

例如：2＝＝2 的结果是 true，被转换成非 0，通常用 1 表示。2＞3 的结果为 false，被转换成 0。

2.5　变　　量

变量是指在程序的运行过程中数值可变的数据，通常用来记录运算的中间结果或保存数据。C 语言中的变量必须先声明后使用，声明变量时要指明变量的数据类型和变量的名称。

2.5.1　变量的声明

变量声明语句的格式：

```
数据类型　变量名 1,变量名 2,…,变量名 n;
```

其含义是声明相同类型的变量 1，…，变量 n。这里的变量名必须是一个合法的标识符，满足前面 2.1 节所讲的 C 语言标识符的规则。另外，C 语言对变量名区分大小写字母，变量名应具有一定的含义，以增加程序的可读性。例如，表示圆的半径、周长和面积的变量声明如下：

```
int r;                    //声明变量 r 为 int 整型
double perimeter,area;    //声明变量 perimeter 和 area 为 double 类型
perimeter = 2 * r * 3.14;
area = 3.14 * r * r;
long Var,var;             //声明 long 型的变量 Var 和 var,Var 和 var 是两个不同的变量名
```

对于变量声明语句，编译时会给变量分配存储空间，用以存放对应类型的数据值，分配空间的大小与数据类型有关。各种类型的数据分配空间的大小如表 2-4 所示，如给 int 类型的变量 r 分配 4 个字节的存储空间；给 double 类型的变量 perimeter 和 area 各分配 8 个字节的存储空间。

一般个人计算机存储器空间是按字节编址的，即一个字节对应一个地址编号，并且相邻字节单元的地址编号是连续的。如有 1 MB 大小的存储器空间，其地址编号可以从 $0 \sim 2^{20}-1$，通过给出地址编号就可以定位到要读写的存储器单元内容。例如，给 int 类型的变量 r 分配 4 个字节大小的存储空间，假设空间的地址为 1000，也就是说分配地址编号从 1000 至 1003 的连续 4 个字节存储单元，并用最低字节的单元地址作为变量的地址，变量 r 的地址为 1000。

要正确理解变量与分配的存储空间之间的对应关系:即变量的名对应着空间的地址,变量的值对应着空间的内容。例如:

```
short  s;
```

声明变量 s 后,由于是 short 类型,给变量 s 分配 2 个字节的存储空间,假设空间地址为 2000,但此时该空间的内容还不确定(即变量 s 的值不可用)。经过执行下面的赋值语句后:

```
s = 0x1234;
```

将给变量 s 赋值 0x1234,实际上是给变量 s 所在的存储空间写入内容 0x1234,即低字节 34 写入低地址 2000 存储单元,高字节 12 写入高地址 2001 存储单元,如图 2-1 所示。

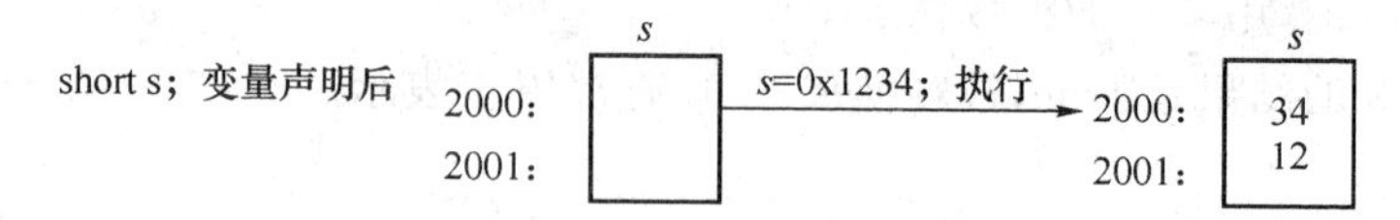

图 2-1 变量与内存单元的映射关系

在程序执行过程中,变量的值可以通过赋值语句多次被改变,不同时刻可以有不同的值,这就是变量的含义。例如:

```
int num;
num = 1;      //t1 时刻变量 num 的值为 1
num = 2;      //t2 时刻变量 num 的值为 2
```

第一次执行赋值语句 num=1 后,num 的值为 1;第二次执行赋值语句 num=2 后,num 原先的值 1 就被替换成新值 2,某个时刻变量的值只能有一个。

要注意:变量使用必须遵照"**先声明后使用**"的原则。例如:

```
int k,j;   //声明 k 和 j
k = 23;     //使用 k
j = k + 10;  //使用 k 和 j,表示取 k 变量的值 5 与 10 相加,结果 15 送给变量 j
l = 20;     //错误:l 变量前面未声明就使用
```

而语句:

```
a = 10;
double a;
```

是错误的,因为变量使用在前,声明在后。

1. 整型变量与整型类型

整型类型 short、int 和 long,都是有符号类型,对应分配存储空间大小分别为 16 bit、32 bit 和 32 bit,如表 2-4 所示。这些类型的前面可用 signed 和 unsigned 加以修饰,signed 表示有符号型,unsigned 表示无符号型,这样就得到扩充的整数类型如下:

```
有符号基本整型    [signed] int
无符号基本整型    unsigned [int]
有符号短整型      [signed]  short [int]
无符号短整型      unsigned  short [int]
有符号长整型      [signed]  long [int]
无符号长整型      unsigned  long [int]
长长整型          long  long [int]
```

这里的中括号表示选项，写与不写都是一样的含义，如 int 等同于 signed int。

有符号数在计算机内是以二进制补码形式存储的，其最高位表示符号位(0 为正数，1 为负数)；无符号数在机内只能存放正数，最高位也用来表示数值，所以当数据占用同样内存位数时，无符号型数据表示的数值范围比有符号数扩大一倍。例如：short 型的数值范围是 $-2^{15}\sim 2^{15}-1$，而 unsigned short 型的数值范围是 $0\sim 2^{16}-1$。

书写声明整型变量语句时，要选择合适的数据类型，给变量赋值时不能超过数据类型规定的数值范围，否则会出现数据溢出而得到不正确的结果。另外，程序中变量声明语句的位置要尽量放在可执行语句(如赋值语句)之前。

例 2-2　整型变量声明和整型数据的使用。

```
#include <stdio.h>
int  main() {
   int a,b; long l;
   short c,d;
   unsigned short u,v;
   a = 32767;  b = a + 1;
   printf("int a = %d ,c = a + 1 = %d\n",a,b);
   c = 0x7fff;   d = c + 1;
   printf("short c = %d ,d = c + 1 = %d \n",c,d,u);
   u = 0xffff;     v = u + 1;
   printf("unsigned u = %d ,v = u + 1 = %d \n",u,v);
   l = 0x10000;
   printf("long l = %d\n",l);
}
```

程序运行结果如图 2-2 所示。

```
int a=32767 ,c=a+1=32768
short c=32767 ,d=c+1=-32768
unsigned u=65535 ,v=u+1=0
long l=65536
```

图 2-2　例 2-2 程序运行输出结果

(1) int a,b;　a=32767;　b=a+1;

语句执行后 b 的值为 32768，没有超出 int 类型的数值范围。

(2) unsigned short u;　　u=0xffff;　u=u+1;

语句执行后 u=0。因为 unsigned short 的最大无符号数是 0xffff(16 个二进位全为 1)。表达式值 u+1=0x10000，超出 unsigned short 的数值范围，这时 0x10000 数值中超过 16 位的高位被截断，只取低 16 位赋给 u，所以 u=0。这是无符号数溢出的原因。

(3) short c,d;　c=0x7fff ;　d=c+1;

语句执行后 d=－32768。因为 0x7fff (32767) 是 short 能存放的最大正数值，c+1 的值是 0x8000，已超出正数的最大范围，这时 0x8000 被当作有符号数处理，认为是－32768 的补码，所以 d=－32768。这是有符号数溢出的原因。

2. 浮点型变量与浮点类型

浮点类型(实型)包括单精度类型 float 和双精度类型 double,double 类型的数据分配的空间是 64 bit,float 类型的数据分配的空间是 32 bit。double 比 float 类型的精度更高(即小数的有效位数更多),表示数据的范围也更大。

对于 double 型,在其类型前可用 long 加以修饰,表示长双精度浮点型 long double,它表达的小数有效位数会更多,表示数据的范围也更大。

浮点型数据的机内存储格式有别于整型数的存储格式,浮点型是由实数符号位、小数部分和指数部分组成的二进制串,前面 2.2 节已详细讨论过。计算机对一个机内二进制串的解释,按照整型去解释和按照浮点型去解释,会得到两种截然不同的结果。所以我们在使用变量时要注意数据和变量的类型要一致,尤其是数据的输入/输出语句中的格式描述符。

例 2-3 从键盘输入两个数据分别赋给 float 型和 double 型变量,显示相加输出结果。

```
#include <stdio.h>
int  main() {
   float f; double d;
   scanf("%f %lf",&f,&d);
   printf("f = %f ,d = %f, f + d = %e\n",f,d,f + d);
}
```

程序运行结果如图 2-3 所示,第一行是输入为“125.5 1.5 ”,两个数据之间至少用一个空格分隔。

```
120.5 1.5
f=120.500000 ,d=1.500000, f+d=1.220000e+002
```

图 2-3 例 2-3 程序运行显示结果

3. 字符型变量与字符类型

char 型的变量取值为单个字符,编译时分配一个字节的存储空间,用来存放字符对应的 ASCII 值。表达式中 char 类型的数据可当作整数类型来使用,即用字符的 ASCII 值作为其整数值。

例如:

```
char c; c = 'a' + 1;
```

语句执行后 c='a'+1=97+1=98,98 是'b'的 ASCII 值。

char 类型前可用 signed 和 unsigned 加以修饰。char 型的数值范围为－128～127,而 unsigned char 型的数值范围为 0～255。

例如:

```
unsigned char ch1,ch2; ch1 = 255;ch2 = 256;
```

语句执行后 ch1 的值是 255,ch2 的值为 0。因为 255 在 unsigned char 的数值范围内,而 256 对应的二进制串 100000000,已超过一个字节表示的数值范围,高位被截断后取低 8 位为 0 赋给 ch2。

例 2-4 字符变量的声明、赋值,并输出字符和对应的 ASCII 值。

```
#include <stdio.h>
int  main() {
```

```
  char c1,c2,c3;
  c1 = 'a' + 3;
  c2 = 97 + 4;
  c3 = c1 - 32;
  printf("c1 = %c ,ASCII = %d; c2 = %c ,ASCII = %d;c3 = %c ,ASCII = %d\n",
c1,c1,c2,c2,c3,c3);
}
```

程序运行输出结果：

```
c1 = d ,ASCII = 100; c2 = e ,ASCII = 101; c3 = D ,ASCII = 68
```

2.5.2　变量的初始化

声明变量的同时，可以指定变量的初始值。带初始化的变量声明语句格式为：

```
数据类型 变量名 = 初始值;
```

例如，下面的语句：

```
char ch  = '0';
```

声明了一个字符型的变量 ch，并给变量赋的初值是'0'。即编译时在给变量分配空间的同时又给该空间写内容'0'。

又如：

```
char c = 'a',b;         // 声明 char 型变量 c 初值为'a';声明 char 型变量 b,未给初值
double d1, d2 = 0.0; // 声明 double 型变量 d1 和 d2 ,d1 没给初值,d2 初值为 0.0
```

变量在初始化时，仅能将常量或常量组成的表达式作为其初始值。不允许使用任何含有变量的表达式来动态地初始化变量。例如：

```
double a  =  3.0      //正确
double c  =  a;       //错误,初始值 a 是变量,不是常量
```

要分清变量初始化语句和赋值语句的区别：例如，“int a=0;”与“int a; a=0;”，它们完成的功能相似，都是给变量 a 置 0。但置 0 的时刻是不一样的：“int a=0;”是在编译时完成，而“a=0;”是运行时由赋值语句完成。

2.6　操作数存储空间的大小 sizeof

sizeof 操作符的功能是：根据操作数的类型返回操作数的存储空间大小(即字节个数)。操作符 sizeof 的操作数可以是类型名或变量名。sizeof 一般使用形式为：

```
sizeof(type)
```

或

```
sizeof(var_name)
```

返回指定类型 type 或指定变量 var_name 的存储空间的字节数。

例 2-5　Visual Studio 开发环境下编译器给出基本类型的存储空间的大小。

```
#include <stdio.h>
void main()
{int a = 25;
 long b = '4';
 printf("sizeof(int) = %d, sizeof(long) = %d\n",sizeof(a),sizeof(b));
 printf("sizeof(short) = %d, sizeof(char) = %d\n",sizeof(short),sizeof(char));
 printf("sizeof(float) = %d,sizeof(double) = %d\n",sizeof(float),sizeof(double));
}
```

程序运行结果如图 2-4 所示。

```
sizeof(int)=4, sizeof(long )=4
sizeof(short)=2, sizeof(char)=1
sizeof(float)=4, sizeof(double)=8
```

图 2-4　例 2-5 程序运行结果

2.7　常变量与符号常量

常变量也叫符号常量，其作用是给程序中出现的文字起个名字。常变量声明语句格式为：

```
const 数据类型 常量名 = 常量值;
```

例如：

```
const   int COUNT = 1000;
```

表示将 1000 起个符号名 COUNT，这个符号名 COUNT 代表 1000。

常变量声明时一定要赋初值，并且在程序的其他地方不能改变其值，也就是在程序的其他地方不能再用赋值语句给常变量赋值。例如：

```
const int COUNT;              //错误，声明常量没有被初始化
const double PI = 3.14;       //正确
PI = 3.1415;                  //错误，常量名不能被再赋值
```

符号常量也可以通过预编译指令 #define 来定义，例如：

```
#define PI 3.14
```

该预编译指令的详细内容将在后面 5.10 节讨论。

例 2-6　常量与变量的声明、初始化及使用。

```
#include <stdio.h>
int main()
{   const int PRICE = 030;              //声明整型常量
    short sVar = 0x20;
    unsigned int iVar = 100;            // 声明无符号整型变量并赋初值
    long lVar = 1234l;                  // 声明长整型变量并赋值
    float  fVar = 331.45f;              // 将单精度浮点型数赋给 fVar
    long double dVar = 8.44e + 11;      // 将双精度浮点型数赋给 fVar
    char cVar = 'w';
```

```
int boolVar1 = 6 > 7;           // 将条件表达式的判断结果 false 赋给整型变量
int boolVar2 = 6 > 5;  ;        // 将条件表达式的判断结果 true 赋给整型变量
printf("constant PRICE = %d\n",PRICE);
printf("svar = %d\n",sVar);
printf("ivar = %d\n",iVar);
printf("fvar = %f\n",fVar);              // 以小数形式输出浮点数值
printf("dvar = %e\n",dVar);              // 以指数形式输出浮点数值
printf("cvar = %c\n",cVar);              // 输出字符型数据
printf("boolVar1 = %d\n",boolVar1);      // 输出 1 代表 true
printf("boolVar2 = %d\n",boolVar2);      // 输出 0 代表 false
printf(" %s\n","I am a student");        // 输出字符串
return 0;
}
```

程序运行结果如图 2-5 所示。

```
constant PRICE=24
svar=32
ivar=100
fvar=331.450012
dvar=-1.081433e+022
cvar=w
boolVar1=0
boolVar2=1
I am a student
```

图 2-5　例 2-6 程序运行输出结果

使用符号常量的好处：如果程序中多处使用同一个文字常量(如圆周率 3.14)，当程序需要对该常量值进行修改时(如 PI 修改成 3.14159)，需要对多处出现的文字量进行修改，漏掉了一处没修改，就会引起数据不一致。而使用符号常量的时候，只需在声明符号常量的语句中修改常量值一次，程序中其他引用符号常量的地方就会由编译程序自动修改，从而避免因修改带来的数据不一致。

在书写程序时，变量和常量的声明语句一般要放置在程序靠前的位置，而其他语句如赋值语句、打印语句等要放在声明语句之后。这也是体现“先声明后使用”的原则。

2.8 算术运算符与算术表达式

在程序中，表达式是用于计算求值的基本单位，可以简单地将表达式理解为计算的公式。它是由运算符(如：+、-、*、/)、运算量(也叫操作数，可以是常量、变量和函数等)和圆括号组成的式子。符合语法规则的表达式可以被编译系统理解、执行或计算，表达式的值就是对它运算后所得的结果。

运算符(操作符)指明对操作数的运算方式。组成表达式的 C 语言运算符有很多种。运算符按其要求的操作数数目来分，可以分为单目运算符(如求负 -)，双目运算符(如加 +、减 -)和三目运算符(如?:)，它们分别对应于一个、两个和三个操作数。运算符按其功能来分，有六类：算术运算符、赋值运算符、关系运算符、逻辑运算符、位运算符和其他运算符。本节将详

细讨论算术运算符,以及算术运算符在表达式中的应用。

算术运算符用于对整型数据或实型数据的运算。根据需要的操作数个数不同,算术运算符分为双目运算符和单目运算符两类。

1. 双目运算符

双目运算符的定义如表 2-6 所示,这里需要注意两点。

表 2-6 双目算术运算符

运算符	运 算	例 子	功 能
+	加	a + b	求 a 与 b 相加的和
−	减	a − b	求 a 与 b 相减的差
*	乘	a * b	求 a 与 b 相乘的积
/	除	a / b	求 a 除以 b 的商
%	取余	a % b	求 a 除以 b 所得的余数

(1) 做求余(或求模)"%"时,只有整型(int, long, short, char)的数据才能够进行取余运算,浮点型(float 和 double)不能取余。且求余结果的正负符号同被除数。例如:

```
int x = 26,y = 24; double z = 24;
```

x%y 的结果是 2,x%z 错误,因为 z 是浮点型。

(2) 做除法"/"时,当被除数和除数都是整型数据,表示整除,结果是截取商的整数部分,而小数部分被舍去;当被除数和除数至少有一个是浮点型时,是实数的除法,结果是带小数的实数。例如:

2/4 的结果是 0,2.0/4 的结果是 0.5。

```
int a = 10;  int b = 4;
float c = 4;
```

a/b 的结果是 2,a/c 的结果是 2.5。(float)a/b 的结果是 2.5 ,其中(float)a 是将 a 强制性地转换成单精度的浮点型,进行浮点除法。

例 2-7 从键盘输入一个四位十进制数,将其中的四位数字反转并用一个空格分离显示。

程序用变量 num 存放输入的一个十进制数。用变量 d1、d2、d3 和 d4 存放从高位到低位分离的四个数字。要取 num 的千位数字 d1,用 num/1000 表达式算出含有几个千;要取百位数字 d3,先用 num 减去千位的值 d1 * 1000,再计算减去后的数值含有几个百,即 d3=(num-d1 * 1000)/100;要取 num 的十位数字 d3,先用 num 减去千位的值和百位的值,再计算减去后的数值含有几个十,即 d3=(num-d1 * 1000-d2 * 100)/10。要取 num 的个位数字 d1,用 num 除以 10 的余数,即 d4=num%10。

```
#include <stdio.h>
int  main() {
  int num;
  int d1,d2,d3,d4;
  scanf("%4d",&num);
  d1 = num/1000;    d2 = (num - d1 * 1000)/100;
  d3 = (num - d1 * 1000 - d2 * 100)/10; d4 = num % 10;
  printf("%d %d %d %d\n",d1,d2,d3,d4);
}
```

程序运行结果如下：

输入：1234

输出：4 3 2 1

2. 单目运算符：自增＋＋和自减－－

单目运算符的操作数只有一个，算术运算中有 3 个单目运算符：负（－）、自增 1（＋＋）和自减 1（－－），其定义如表 2-7 所示。

单目运算符中的自增＋＋和自减－－，其运算符的位置可以在操作数的前面，称为前缀运算符；也可以在操作数的后面，称为后缀运算符。例如：

```
++a;        //前缀 ++，将 a 变量的值加 1
a++ ;       //后缀 ++，将 a 变量的值加 1
```

自增和自减运算符的操作对象只能是变量。

表 2-7　单目算术运算符

运算符	运　算	例　子	功　能
＋＋	自增 1	a＋＋或＋＋a	a ＝ a ＋ 1
－－	自减 1	a－－或－－a	a ＝ a － 1
－	求负数	－a	a ＝ －a

当单目运算符单独作为一条语句出现时，如－－a 和 a－－，它们表达的功能是一样的，都是将变量 a 的值减 1。而当单目运算符位于一个表达式的内部，前缀运算（＋＋，－－）和后缀运算（＋＋，－－）是有区别的。前缀运算表示变量在参加表达式值计算之前，先将前缀运算的变量加（减）1，然后再将加（减）1 后的值参加表达式的计算；而后缀运算表示用未加（减）1 的变量值参加表达式的计算，然后再将后缀运算的变量值加（减）1，即用未加（减）1 的变量值参加表达式的计算。下面给出两个例子说明。

例如：

```
int     x = 1 ;
int     y = ( ++ x ) * 3;           //前缀 ++
```

语句执行后的结果：x ＝2，y ＝6。

例如：

```
int     x = 1 ;
int     y = ( x ++ ) * 3;           //后缀 ++
```

语句执行后的结果：y ＝3，x ＝2。

可见，＋＋或－－的前缀后缀的位置不同，会影响整个表达式的求值结果。注意，自增和自减的操作对象只能是变量，而不能用于常量或表达式，如 12＋＋或（x＋y）＋＋都是不合法的。

例 2-8　算术运算符的应用。

```
#include <stdio.h>
void main()
{
```

```
    int a = 25;
    int b = 4;
    float c = 24.0;
    float d = 5.0;
    printf("a = %d, b = %d\n",a,b);                 //表达式的值是整型,对应输出格式%d
    printf("--a = %d, b++= %d\n",a--,b++);           //输出减 1 后 a 的值 24,输出加 1 前 b 的
                                                      值 4
    printf("b = %d\n",b);                            //b 的值为 5
    printf("a%%b = %d\n",a%b);                       //要输出字符%,必须写成%%
    printf("6 + a/5 * b = %d\n",6 + a/5 * b);
    printf("6 + c/5 * d = %.2f\n",6 + c/5 * d);      //表达式的值是浮点型,对应输出格式%f
}
```

程序运行的输出结果如图 2-6 所示。

```
a=25, b=4
--a=24, b++=4
b=5
a%b= 4
6+a/5*b=26
6+c/5*d=30.00
```

图 2-6　例 2-8 程序运行输出结果

2.9　赋值运算符与赋值表达式

C 语言中提供了几个赋值运算符(如=、+=、-=、*=等),其中,"="是最简单的赋值运算符。带有赋值运算符的表达式被叫作赋值表达式,习惯上又称为赋值语句。其一般语法格式为:

```
变量名 = 表达式;
```

这里的"="被称为赋值号。赋值表达式的含义:将赋值号右边表达式的值赋给左边变量。整个赋值表达式值的类型为左边变量的类型。赋值运算符是双目运算符,其运算符的结合性为自右向左。

例如:

```
int i = 1; i = i + 5;
```

语句执行后 i 的值为 6,表达式"i=i+5"的类型是 int。

例如:

```
int i,j,k;
i = j = k = 1;
```

语句执行后 i,j,k 的值均为 1。这个表达式从右向左运算,在 k 被赋值 1 后,表达式 k=1 的值为 1、类型为 int,接着 j 被赋值 1,最后 i 被赋值 1,整个表达式"i=j=k=1"的类型是 i 的类型 int。

例如:

```
i = 2 + (j = 4);           //赋值表达式值为 6, j 的值为 4,i 的值为 6。
i = (j = 10) * (k = 2);   //赋值表达式值为 20,j 的值为 10,k 的值为 2,i 的值为 20。
```

要注意几点：

(1) 分清“＝”与“＝＝”的区别：“＝＝”用于比较两个数据是否相等；而“＝”是赋值号，是给变量赋值。例如，条件表达式“a＝＝0”的结果是 true 即 1；而赋值表达式“a＝0”的结果是 0，因为赋值表达式执行后，变量 a 的值变为 0，整个赋值表达式的结果是 a 的值 0。

(2) 分清“a＝b”与“b＝a”的区别：

例如：

```
int a = 1,b = 2;   a = b; 语句执行后,a 为 2,b 为 2
int a = 1,b = 2;   b = a; 语句执行后,a 为 1,b 为 1
```

(3) 在赋值语句执行时，如果右边表达式的值大于等号左边变量的存储空间时，C 语言系统会将右边表达式的值自动进行截断，然后再赋给左边变量。同时也会将右边表达式的类型转换成左边变量的类型。请看下面的例子：

```
unsigned char ch;
ch = 255 + 2;
```

语句执行后 ch 的值为 1。因为右边表达式的值 257，超过了变量 ch 的一个字节的存储空间表示的范围 0～255，这时系统会将高字节截断取低位字节(值 1)赋给 ch。

例如：

```
double d = 12.34;   int i;
i = d;
```

语句执行后 i 的值为 12。这是因为右边表达式值的类型为 double 型，而左边变量 i 的类型为 int 型，系统会将 12.34 舍去小数后取整，再赋给 i。

(4) “＝”的左边一定是变量，不能是表达式。

如：“b＋1＝c;”是错误的，因为“b＋1＝c”赋值号左边的“b＋1”不是变量。

除了赋值运算符“＝”，C 语言中还提供了其他 10 个赋值运算符：在“＝”之前加上其他运算符 op，就构成了复合赋值运算符＜op＞＝。复合赋值运算符使用格式如下：

```
var ＜op＞ = expression;
```

等价地表示为：

```
var = var ＜op＞ expression;
```

这里的 var 表示变量名。表 2-8 给出了 10 个赋值运算符的含义和使用。书写复合赋值运算符时，“＜op＞＝”要连在一起，中间不能有空格。

表 2-8　复合赋值运算符

运算符	例　子	位运算符	例子(位运算详见第 8 章)
+＝	x +＝ a 等价于 x ＝ x + a	&＝	x &＝ a 等价于 x ＝ x & a
−＝	x −＝ a 等价于 x ＝ x − a	|＝	x |＝ a 等价于 x ＝ x | a
*＝	x *＝ a 等价于 x ＝ x * a	∧＝	x ^＝ a 等价于 x ＝ x ^ a
/＝	x /＝ a 等价于 x ＝ x / a	<<＝	x <<＝ a 等价于 x ＝ x << a
%＝	x %＝ a 等价于 x ＝ x % a	>>＝	x >>＝ a 等价于 x ＝ x >> a

例如：

```
a+=c;等价于 a=a+c;
a* =c+=7+b;等价于 c=c+(7+b) ; a=a+c
```

2.10 逗号运算符与逗号表达式

C 语言中，逗号也是一个运算符，逗号表达式的一般格式为：

```
表达式 1,表达式 2,…,表达式 m
```

求解次序为：第一求表达式 1 的值，第二求表达式 2 的值，最后求表达式 m 的值，整个逗号表达式的最终结果是表达式 *m* 的值。

例如：

```
int a=1
a=(5,a+2);        //a 的值为 3
```

这里逗号分隔的两个表达式分别是 5 和 a+2，先计算第一个表达式的值，为 5，再计算第二个表达式的值，为 3(即取 a 的值 1 与 2 相加)；将(5，a+2)整个表达式的结果 3(即第二个表达式的值)赋给 a。

例如：

```
int a=1;
a=5,a+2;
```

a 的值为 5。这里逗号分隔的两个表达式分别是 a=5 和 a+2，先计算第一个表达式，是将 5 赋给 a，再计算第二个表达式，是取 a 的值 1 与 2 相加，并没有将相加的结果再赋给 a。

例如：

```
char a='0'; int b=10;printf("%d",(a+a,a+b,b));
```

打印结果为 10，因为 b 是整个表达式(a+a，a+b，b)的值。

例如：

```
int b=1; b+=(++b)+(b++);
```

语句执行后，b 的值为 7。因为先计算 (++b)，值为 2，b=2；再计算(b++)，值为 2，b=3；最后计算 b=2+2+b，则 b=7。

2.11 运算符的优先级与结合性

表达式的运算次序取决于表达式中各种运算符的优先级。优先级高的运算符先运算，优先级低的运算符后运算；运算符的结合性决定了优先级相同的运算符的先后执行顺序。C 语言规定的各种运算符优先级和结合性如表 2-9 所示，表中排在上面的运算符有较高的优先级，同一行中的运算符的优先级相同。表 2-9 介绍的运算符将在后续章节逐一介绍。

表 2-9　运算符的优先级与结合性

<table>
<tr><th>优先级</th><th>描　述</th><th>运算符</th><th>结合性</th></tr>
<tr><td>1</td><td>最高优先级</td><td>[ ]( ).(结构体成员运算)
->(指向结构体成员运算)</td><td>左→右</td></tr>
<tr><td>2</td><td>单目运算</td><td>-(负号) ++ --!(非) ~(位取反)
sizeof(类型) *(指针取内容运算) &(取地址运算)</td><td>右→左</td></tr>
<tr><td>3</td><td>算术乘除运算</td><td>* / %</td><td>左→右</td></tr>
<tr><td>4</td><td>算术加减运算</td><td>+ -</td><td>左→右</td></tr>
<tr><td>5</td><td>移位运算</td><td>>><<</td><td>左→右</td></tr>
<tr><td>6</td><td>关系运算</td><td><<= >>=</td><td>左→右</td></tr>
<tr><td>7</td><td>相等关系运算</td><td>==　!=</td><td>左→右</td></tr>
<tr><td>8</td><td>按位与</td><td>&</td><td>左→右</td></tr>
<tr><td>9</td><td>按位异或</td><td>^</td><td>左→右</td></tr>
<tr><td>10</td><td>按位或</td><td>|</td><td>左→右</td></tr>
<tr><td>11</td><td>逻辑与</td><td>&&</td><td>左→右</td></tr>
<tr><td>12</td><td>逻辑或</td><td>||</td><td>左→右</td></tr>
<tr><td>13</td><td>三目条件运算</td><td>?:</td><td>右→左</td></tr>
<tr><td>14</td><td>赋值运算</td><td>= += -= *= /= %= <<= >>= &= ^= |=</td><td>右→左</td></tr>
<tr><td>15</td><td>逗号运算符</td><td>,</td><td>左→右</td></tr>
</table>

例如,算术运算符 *、/、%的优先级高于+、-,而求负(-)的优先级又高于 *、/、%、+、-,则表达式 x + y /-z 相当于 x +(y/(-z))。如对于左结合的"+",x + y + z 等价于(x + y) + z,对于右结合的求负"-"和"++",则表达式-++y 等价于-(++y)。

另外,使用圆括号可以提高括在其中的运算的优先级。例如,表达式 3 *(6 + 2)/12-(7-5)/2 * 3 的计算次序如下:

```
3 * (6 + 2) / 12 - (7 - 5)/ 2 * 3
(1): = 3 * 8 / 12 - 2/2 * 3
(2): = 24 / 12 - 2/2 * 3
(3): = 2 - 2/2 * 3
(4): = 2 - 1 * 3
(5): = 2-3
(6): = -1
```

2.12　混合运算时数据类型的转换

当表达式中出现了多种类型数据的混合运算时,需要进行类型转换。C 语言的类型转换规定:从占用内存较少的短数据类型转化成占用内存较多的长数据类型时,可以不做显式的类型转换声明(隐含转换);而从较长的数据类型转换成较短的数据类型时,则要做强制类型转换。

1. 隐含转换

二元运算符如算术运算符、赋值运算符等,要求两个操作数的类型一致。如果类型不一致,编译系统会自动对数据进行类型转换。C 语言的类型转换是一种加宽转换。隐含转换的规则为:

低————————————————→高

char,short,int,unsigned,long,unsigned long,float,double

2. 强制类型转换

将表达式的类型强制性地转换成某一数据类型。强制类型转换的格式为:

```
(数据类型)表达式
```

通过强制类型转换,可将数据范围宽的数据转换成范围低的数据,但这可能会导致溢出或精度的下降。

例 2-9 数据类型转换的例子。

```
void main(void)
{ int i1,i2 = 0x30;            //将十六进制值 0x30 赋给 i2
    short sVal = 017;          //将八进制值 017 赋给 sVal
    long lVal;
    char cVal;
    float f1  =  5.67f,f2;
    double dVal  =  1.23e - 9;
    i1 = f1;                   /* 将浮点数的小数部分截断后整数 5 赋给 i1。编译时会
                                  有警告"从 float 转换到 int,可能丢失数据" */
    f2 = i2/10;                // i2/10 是整除,得商 4,将 4 隐含转换成 float 赋给 f2
    f2 = (float) i2/10;        //i2 值被强制转换成 float,浮点型除法,商 4.8 给 f2
    lVal = i1;   dVal  =  f1;//隐含转换
    cVal = (char) i2;          //当 i2 的值 48 被强制转换为 char 类型赋给变量 cval
    i1 = (int)lVal;            //强制转换
    i1 = cVal + 1;             //cVal 值隐含转换成 int 型与 1 相加,将相加的结果赋给 i1
    lVal = (long) f1;          //f1 值被转换为 long 型,舍弃了小数部分。lVal 的值是 5
    dVal  =  f1  + i1  *  dVal; /* 将 i1 转换成 double 型与 dVal 相乘结果为 double 型,
                                  将 f1 转换成 double 型与 i1 * dVal 的结果相加 ,整个
                                  表达式的结果类型为 double */
    printf("i1 = %d, sVal = %d, lVal = %d,cVal = %c, f1 = %f, dVal = %f\n",
    i1,sVal,lVal,cVal,f1,dVal);
}
```

程序运行输出结果如图 2-7 所示。

```
i1=49, sVal=15, lVal=5,cVal=0, f1=5.670000, dVal=283.500004
```

图 2-7　例 2-9 程序运行显示结果

2.13　语句和块

在 C 语言中，一个基本的语句以分号“;”结尾。语句是程序的基本组成单位，包括：声明语句、表达式语句、选择语句、循环语句、跳转语句、空语句、复合语句和方法调用语句几类。下面我们先介绍一些简单的语句，其他复杂一些的语句将在后续章节介绍。

1. 表达式语句

一个合法的表达式加上分号，就成为一个表达式语句。例如：

```
a + b;
a + b * c + f;
```

2. 空语句

空语句是什么都不做的语句，其形式为：

```
;      //这是一条空语句
```

3. 语句块(复合语句)

将多条语句用一对大括号{}括起来，就构成复合语句，也被称为语句块。例如，

```
{int x,y,z;
  x = 5;y = 6;z = x + y;
}
```

在任何可使用单个语句的地方都可以使用复合语句。

2.14　指针与指针变量

2.14.1　指针的概念

C 语言程序中的变量与内存的存储单元相对应，当对变量值进行读写时，实际上是转化为对变量对应的存储单元的内容进行读写，变量的地址对应着存储单元的地址，变量的值对应着内存单元的内容。每个存储单元有一个地址编号和内容，内存单元的地址就像是一个指针，通过它的指向去读写内存单元的内容。所以我们把内存单元的地址叫作指针。同样一个变量的内存地址也叫作一个指针。

2.14.2　取地址运算符

为了求某一变量的地址，C 语言提供取变量内存地址的运算符 &，使用形式为：

```
&变量名
```

例如，int a = 15; double d;

&a 和 &d 分别代表变量 a 和变量 d 的数据空间地址。假设给变量 a 分配的内存单元地址为 1000，则有 &a=1000，由于 a 是 int 类型，实际分配的存储空间是地址 1000 开始的 4 个字节

存储空间。给变量 d 分配的内存单元地址为 1008,则有 &d=1008,由于 d 是 double 类型,实际分配的存储空间是地址 1008 开始的 8 个字节存储空间。

例如,char ch='0';

&ch 代表 char 类型的变量 ch 的数据空间地址。假设给变量 ch 分配的内存单元地址为 2000,则有 &ch=2000。

2.14.3 指针变量的声明与初始化

我们知道,内存单元的地址叫指针,而存放内存单元地址的变量被称为指针变量。引入指针变量,是为了通过指针变量能够间接地访问它所指向的内存单元内容。如图 2-8 所示,pi 是指针变量,a 是普通变量, a 的地址是 2000,a=15, pi=&a=2000 这种情况称 pi 是指向 a 的指针变量(简称 pi 指向 a),而 a 是 pi 指向的对象变量。

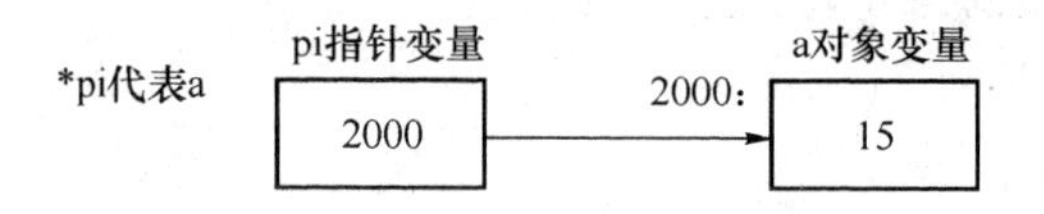

图 2-8 指针变量 pi 指向的对象变量 a

1. 指针变量声明语句格式:

```
数据类型 * 指针变量名;
```

其中,"数据类型 * "是指针类型,"数据类型"定义了指针变量所指向的对象变量允许的数据类型。

例如:

```
int *pi;
```

声明 pi 是一个指向 int 型的指针变量,也就是说 pi 的值只能是 int 型对象变量的地址。

```
int a;  pi=&a;              //将 int 类型变量 a 的地址赋给指针变量 pi
float f ,*pf;  pf=&f;       //pf 声明为单精度浮点型的指针变量,pf 指向 f
char *pc,ch;  pc=&ch;       //pc 声明为字符型的指针变量,pc 指向 ch
```

在声明一个指针变量时,编译系统也要给指针变量分配存储空间,分配空间的大小等于 unsigned long int 类型的数据分配空间,在 Visual Studio 环境下,给 unsigned long int 分配 8 个字节的存储空间。任何类型的指针变量,分配的存储空间大小都是一样的,与指针变量指向的对象变量类型无关。

2. 指针变量的初始化

声明指针变量的同时,可以指定其初值。带初始化的指针变量声明语句的一般格式为:

```
数据类型 * 指针变量名=& 变量名;
```

请看下面几个例子:

```
int a; int *pi=&a;
```

也可以等价写成:

```
int a, *pi=&a;
```

声明 int 型变量 a 和 int 型指针变量 pi,并给 pi 赋初值为 a 变量的地址,即 pi 指向 a。

```
char ch, *pc = &ch;    //声明字符型变量 ch 和字符型指针变量 pc,且 pc 初始化指向 ch
long k, *pk = &k;      //声明 long 型变量 k 和 long 型指针变量 pk,且 pk 初始化指向 k
```

2.14.4　取内容运算符

取内容运算符 * 的功能是取指针变量所指的对象变量,使用格式为:

```
* 指针
```

注意,跟在 * 运算符之后的必须是指针或地址。

例如:

```
int a = 5, *pa = &a;     //声明 int 变量 a,声明 int * 指针变量 pa,并使 pa 指向 a
*pa = a + 1;             //*pa 代表 a,相当于 a = a + 1,语句执行后 a 的值为 6
*pa = *pa - 5;           //*pa 代表 a,相当于 a = a - 5,语句执行后 a 的值为 1
```

*pa 作用等同于变量 a,通过 *pa 完成了指针 pa 间接访问对象变量 a。

读者要区别上面语句中多处出现 * pa 的不同含义:当 * pa 出现在变量声明语句 int * pa 中,表示声明指针变量 pa;当 * pa 出现在表达式中或者在赋值语句等号的左边(如 * pa＝a＋1),表示的是取内容运算符 *,即取指针指向的对象变量 a。也就是说:在指针变量声明语句中,"*"是类型说明符,表示其后的变量是指针类型;而表达式中出现的"* 指针",则是一个取内容运算符 *,代表指针所指的对象变量。

例 2-10　指针变量的定义和使用。

```
#include <stdio.h>
void main() {
  int a = 020;        //八进制 020 相当于 16
  int *pa = &a;  unsigned u, *pu;
  double d = 12.5e2, *pd = &d;  float f, *pf = &f;
  printf("&a = %d ,a = %d ;pa = %d, *pa = %d\n",&a,a,pa,*pa);
  *pa = *pa + 1;
  printf("a = %d, *pa = %d\n",a,*pa);
  *pf = 2.5e2f;   //2.5e2f 是后缀带 f 的单精度浮点数的指数形式
  printf("&f = %d ,f = %.2f ;pf = %d, *pf = %.2f\n",&f,f,pf,*pf);
  pu = &u;  u = 255;
  printf("u = %d , *pu = %d\n",u,*pu);
}
```

程序运行输出结果如图 2-9 所示。

```
&a=2686732 ,a=16 ;pa=2686732, *pa=16
a=17, *pa=17
&f=2686728 ,f=250.00 ;pf=2686728, *pf=250.00
u=255 ,*pu=255
```

图 2-9　例 2-10 程序运行输出结果

2.14.5 指针变量的赋值与使用规则

1. 指针变量的正确赋值

指针变量同普通变量一样,使用之前不仅要声明,而且必须赋予具体的地址值。未经赋值的指针变量不能使用,否则将造成系统混乱,甚至死机。

给指针变量赋的值必须是地址常量或变量地址,不能是普通整数,否则将引起错误。但可以给指针变量赋值为整数0或NULL,表示空指针,即空指针不指向任何对象。

设有指向字符型变量的指针变量p,如果要把字符型变量c的地址赋予p,可以有以下两种方式。

(a) 指针变量初始化

```
int c;
int *p=&c;
```

(b) 赋值语句

```
int  c;
int *p;
p=&c;
```

给指针变量赋值时,注意类型要一致:把一个变量的地址赋予指向相同数据类型的指针变量。如下面定义的字符型指针变量p1只能指向字符型变量,不能指向其他类型的变量:

```
int a; char *p1;
p1=&a;                          //错误
char ch;
p1=&ch;                         //正确
int i,*q;  double d;            //声明 int 型的指针变量q
q=&i;                           //正确,q指向整型变量i
q=&d;                           //错误,q指向实型变量
```

同时,也不允许把一个非0数赋予指针变量。例如:

```
int *p; p=1000;                 //错误的,不能把一个非0数赋予指针变量p
double *pp=0;                   //正确。等同于  double *pp=NULL;
```

表明p1是空指针,它不指向任何变量。

2. 通过指针变量间接存取某一对象变量时的三个步骤

(1) 声明指针变量;

(2) 给指针变量赋地址;

(3) 使用取内容*运算符。

例如,下面的语句是错误的:

```
char c,*q;
*q='a';   //错误。因为在取内容*运算符前,没有给指针变量q赋地址
```

例如:

```
double *pd=NULL;
*pd=1.2;   //错误。
```

因为 pd 是空指针，不指向任何对象，所以不能给 pd 指向的对象变量赋值。

空指针和指针变量未赋值是两个不同的概念。例如：空指针 p 可以与 0 比较，即 p==0 结果为 true；但未赋值的指针变量 p 不能与 0 比较。

例 2-11　定义字符型指针变量 pc，并两次赋值给 pc，使 pc 指向不同字符型变量。

```
#include <stdio.h>
int  main() {
  char c1,c2,c3 = 'A', * pc = &c1; //定义字符型指针变量 pc,pc 指向 c1
  c1 = '1';
  c2 = c1 + 8;
  printf("c1 = %c, * pc = %c\n",c1, * pc);
  pc = &c2;   //pc 指向 c2
  printf("c2 = %c, * pc = %c\n",c2, * pc);
  printf("c3 = %c\n", * &c3);   //&c3 先取 c3 的地址,再使用 * 取 c3 的内容'A'
}
```

程序运行结果：

```
c1 = 1, * pc = 1
    c2 = 9, * pc = 9
    c3 = A
```

2.15　数据的输入与输出

C 语言库函数提供了一组输入/输出函数，用于对标准输入设备（键盘）和标准输出设备（显示器）进行读写数据。其中有：printf（写格式化的数据），scanf（读格式化的数据），getchar（输入字符）和 putchar（输出字符），gets（输入字符串）和 puts（输出字符串）。这些标准的输入/输出函数包含在头文件 stdio.h 中，需要在程序开头处使用预编译指令 include 包含进来。本节讨论如何使用前面 4 个函数进行基本的输入/输出，而 gets 和 puts 将在第 6 章讨论。

2.15.1　用 printf 函数输出数据

printf()是格式化输出函数（f 表示 format），用于向标准输出设备（显示器）按规定格式输出数据。printf 函数调用的一般格式为：

```
printf("格式控制串",输出数据表);
```

(1) 格式控制串是由双引号引起来的字符串，它由固定的文本和格式说明符组成。固定的文本直接由 printf 输出。格式说明符是以"%"开始后跟格式字符，它规定输出数据的格式。格式说明符只是占位符，在输出时会被一个值替换。例如"%d"会被替换成一个整数值，"%c"会被替换成一个字符。"%"后跟格式字符，常用的格式字符如表 2-10 所示。

例如，

```
int i = 10; char ch = 'F';
```

```
printf("i = %d,c = %c\n",i,c);  //输出:i = 10,c = F
```

其中"i="、",c="和"\n"是固定文本,"%d"和"%c"是格式说明符。

(2) 输出数据表是一个或多个用逗号","隔开的输出数据项。数据项可以为常量、变量或表达式。例如:

```
int a = 25;float b = 24.1f;char c = 'k';
printf("a+1 = %d,b = %f,c = %c\n",a+1,b,c);  //输出:a+1 = 26,b = 24.100000,c = k
```

上述 printf 函数中的格式字符串含有 3 个格式说明符%d、%f、%c,对应的输出数据表也有 3 个数据项 a+1、b、c,且类型匹配。

表 2-10 printf 函数的格式字符

格式符	输出形式
d 或 i	十进制有符号整数
u	十进制无符号整数
o	八进制有符号整数
x 或 X	十六进制有符号整数
f e g	小数形式的浮点数 指数形式的浮点数 自动选择合适表示法的浮点数
c	单个字符
s	字符串

另外,使用格式说明符时,还可以规定数据的输出宽度和对齐方式。

1. 规定输出宽度

在"%"和格式字符之间插进数字 w,表示输出值的宽度是 w 位(占 w 个字符)。

(1) %wd,表示输出 w 位的十进制整数。若整数位数不够 w 位时,则右对齐,前置补空格;若整数的位数超过说明的宽度,将按其实际长度输出。

如:%3d ,表示输出 3 位整型数,不够 3 位时右对齐。请看下面的例子:

```
printf("%3d",123);          //输出"123"
printf("%3d",12);           //输出" 12"
printf("%3d",1);            //输出"  1"
printf("%3d",1234);         //输出"1234"
```

(2) %w.pf,规定十进制浮点数的输出宽度 w。但若浮点数中的整数部分位数超过了说明的整数位宽度,将按实际整数位输出;若小数部分位数超过了说明的小数位宽度,则小数位数按说明的宽度以四舍五入输出。

如%6.2f,表示输出宽度为 6 的浮点数,小数位数为 2 位,小数点占 1 位,不够 6 位时数据右对齐。请看下面的例子:

```
printf("%.2f",123.5);          //输出"123.50"
printf("%6.2f",123.516);       //输出"123.52",小数后的第二位数字四舍五入
printf("%6.2f",1789.156);      //输出"1789.16",整数部分按实际输出
printf("%6.1",1.56);           //输出"   1.6"
```

(3) %ws,表示输出 w 个字符的字符串,若字符串的长度不够 w 个字符,则右对齐。但

如果字符串的长度超过说明的宽度，将按其实际长度输出。例如：

```
printf("%3s","abc");          //输出"abc"
printf("%5s","abc");          //输出"  abc"
printf("%5s","abcdef");       //输出"abcdef"
```

(4) %wc，表示输出占 w 位的 1 个字符，不够 w 位时右对齐。例如：

```
printf("%3c","a");            //输出"  a"
printf("%3c","ab");           //输出" ab"
```

2. 控制输出左对齐

在"%"和字母之间加入"－"负号，说明输出为左对齐。默认右对齐。

例如：%－4d 表示输出 4 位整数左对齐，%－5s 表示输出 5 个字符左对齐。

```
printf("% -4d",1);            //输出"1   "
printf("% -4d",12);           //输出"12  "
printf("% -6.1",1.56);        //输出"1.6   "
```

3. 在"%"和字母之间加小写字母 l，表示输出的是长整型或双精度型

例如：

%ld 表示输出 long 型整数，当然 long 型数据也可以用 %d 输出。

%lf 表示输出 double 型浮点数，当然 double 型数据也可以用 %f 输出。

4. 格式字符串中定义的格式说明符应与输出数据表一一对应

即类型要匹配，个数要相等。否则将会输出不确定的结果或出现错误结果。

下面几个语句都有错，编译没有语法错误，但运行时会输出不确定的结果。

```
printf("%d",1.5);             //格式符 %d 对应的输出项不能是浮点数，要对应整数
printf("%f",1);               //格式符 %f 对应的输出项不能是整数，要对应浮点数
printf("%f  %d",1.5);         //格式符两个 %f  %d 要对应 2 个输出项，不能为 1 个
```

例 2-12　printf 函数的应用例子。

```
#include <stdio.h>
void main()
{int a = 1234, b = 10;
    double x = 1200.14159261;
    float f = 123.92827f;
    printf("a = %d\n", a);              //输出十进制整数
    printf("a = %6d\n", a);             // 输出右对齐的 6 位十进制数
    printf("a = % -6d\n",a);            // 输出左对齐的 6 位十进制整数
    printf("f = %f\n", f);              // 输出浮点数，小数位数为 6 位
    printf("f = %6.2f\n", f);           // 输出宽度为 6，四舍五入取小数位数为 2 位
    printf("x = %f\n",x);               // 输出浮点数
    printf("x = %lf\n",x);              // 输出长浮点数
    printf("x = %11.4lf\n", x);         // 输出宽度为 11 位且小数位数为 4 位的长浮点数
    printf("x = %.2e\n", x);            // 输出小数位数为 2 位的指数形式的浮点数
    printf("x = %g\n", x);              // 输出自动表示形式的浮点数
    printf("%c %s = %x\n", 'A',"ASCII",'A');  //输出字符的 ASCII 码的十六进制值
}
```

程序运行输出结果如图2-10所示。

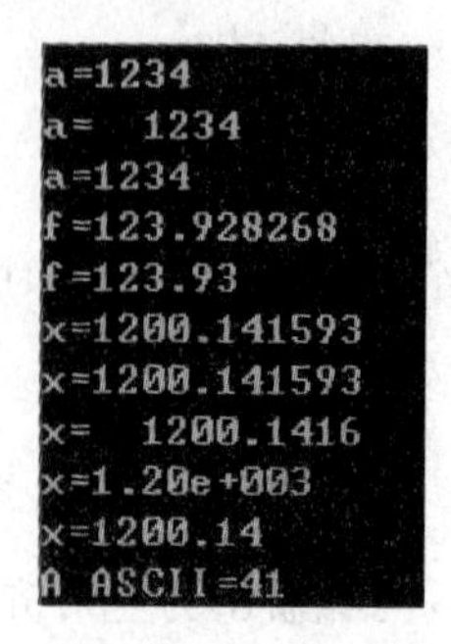

图2-10　例2-12程序运行输出结果

2.15.2　用scanf函数输入数据

scanf()是格式化的输入函数,用于从标准输入设备(键盘)按规定格式读入数据。scanf函数调用的一般格式为:

```
scanf ("格式控制串",输入地址表);
```

其中:格式控制串由以下三类不同的字符组成。

(1) 格式说明符:格式化说明符与printf()函数中的格式说明符类似,如表2-10所示。

(2) 空格字符:空格字符会使scanf()函数在读操作中略去输入中的一个或多个空格。

(3) 非空格字符:一个非空格字符会使scanf()函数在读入时剔除掉与这个非空格字符相同的字符。

输入地址表是需要输入数据的所有变量的地址,而不是变量名。各个变量的地址之间用","隔开。

执行scanf函数语句时,程序处于等待输入状态。要求用户按规定的格式输入,输入数据后,一定要按回车键完成输入。下面的一些例子里,用"↙"表示回车字符。

1. 整型变量的输入

例如:int a, b。

下面给出几组格式控制串和对应的输入数据形式。

(1) scanf("%d%d", &a, &b);或scanf("%2d%2d", &a, &b);　//定义输入数据宽度

输入:`12 34↙`

执行上述scanf语句,将等待用户从键盘输入两个整数,12与34之间至少用一个空格分隔,如输入可为"12 34",后跟回车,则a=12,b=34。

(2) scanf("%3d%2d", &a, &b);　//定义输入数据宽度

输入:`123 34↙或输入:1234↙`

则a=123,b=34。

(3) scanf("%d, %d", &a, &b);

输入:`12 ,34↙`

注意输入数据12与34之间必须有","。即scanf()函数先读一个整数12给a,然后找匹配的逗号",",接着读入34给b。如果在输入中没有找到逗号,则计算机系统就处于等待输入逗号

状态，直到找到输入逗号后，才会继续读下一个数送给 b。

(4) scanf(“a=%d b= %d”, &a, &b);

输入：a = 12 b = 34

则 a=12，b=34。

(5) scanf(“%o%x”, &a, &b);

输入：12 34

则 a=12，b=34。

(6) scanf(“%d”, &a);scanf(“%d”, &b);

输入：12↙　　或输入：12 34↙

34↙

则 a=12，b=34。

2. 浮点型变量的输入

float 型变量输入格式说明符必须为“%f”；double 型变量的输入格式说明符必须为“%lf”，而不是“%f”。

例如：float f1,f2; double d1,d2;

(1) scanf("%f", &f1);

输入：12.34

则 f1=12.34。

(2) scanf("%f%f", &f1,&f2);

输入：12.34 56.891

则 f1=12.34，f2=56.891。

(3) scanf("%lf%lf", &d1,&d2);

输入：12.34 56.891

则 d1=12.34，d2=56.891。

(4) scanf("%lf,%lf", &d1,&d2);

输入：12.34,56.891

3. char 型变量的输入

char 型变量的输入对应格式符“%c”。

例如，char c1,c2;

scanf("%c", &c1);

输入：A↙

在输入一个字符 A 后按回车键，则给变量 c1 赋值‘A’。

scanf("%c%c", &c1,&c2);

输入：AB↙

则 c1=‘A’，c2=‘B’。

当使用多个 scanf()函数语句连续给多个 char 变量输入时，例如：

scanf("%c", &c1);

scanf("%c", &c2);

```
printf("c1 is %c, c2 is %c", c1, c2);
```

输入:AB↙

显示:c1 is A, c2 is B

输入:A↙

B↙

显示:c1 is A, c2 is

这是由于当输入一个字符 A 按回车后给变量 c1 赋值'A',但回车字符仍然留在输入缓冲区内,接着执行输入语句 scanf("%c", &c2)时,回车字符被赋给 c2,所以输出内容"c1 is A, c2 is "。

要解决上面问题,可以有以下几种方法。

(1) 在输入函数前加入清除输入缓冲区的函数 fflush(stdin),即以上程序变成:

```
scanf("%c", &c1);
fflush(stdin);
scanf("%c", &c2);
printf("c1 is %c, c2 is %c", c1, c2);
```

当'A'与'B'两字符分两行输入,也能保证 c1='A',c2='B'。

(2) 通过编程跳过当前读到的输入缓冲区的回车字符,代码如下:

```
scanf("%c", &c1);
while (op=='\n')
  scanf("%c", &c1);
```

4. 混合类型的输入

(1) scanf("%d%c%d", &a,&c1,&b);

输入:12+34

则 a=12,b=34,c1='+'。

(2) int y,m,d,w; scanf("%4d.%2d.%2dweek%d", &y,&m,&d,&w);

输入:2018.08.28week2

则 y=2018,m=8,d=28,w=2。

5."%*"表示跳过输入数据的某一项

例如:

```
scanf("%d %* %d",&a,&b);
```

输入:12 34 56

把输入数据中第一项 12 赋给 a,跳过第二项 34,把第三项 56 赋给 b。

例 2-13 第一行输入两个浮点型数,第二行输入相加(+)或相减的运算符(-),显示相加或相减的计算结果。

```
#include <stdio.h>
void main(){
  float a,b;
  int c,d;
```

```
  char op;
  printf("Input two numbers:");
  scanf("%f %f", &a,&b);
  printf("Input a option ( + addition, - subtruction):");
  scanf("%c", &op);       //op = 回车字符,是前一个 scanf 语句结束输入的回车字符。
  while (op == '\n')      //跳过读到的回车字符,
    scanf("%c", &op);
  if (op == '+')
    printf("%.2f%c%.2f = %.2f\n",a,op,b,a + b);
  else if (op == '-')
    printf("%.2f%c%.2f = %.2f\n",a,op,b,a - b);
}
```

程序两次运行结果如下：

```
Input two numbers: 12.5 13.5
Input a option ( + addition, - subtruction): +
12.50 + 13.50 = 26.00

Input two numbers: 12.5 13.5
Input a option ( + addition, - subtruction): -
12.50 - 13.50 = -1.00
```

例 2-14　应用 scanf 函数输入各种不同类型的数据。

```
#include <stdio.h>
void main()
{       int a, b, *pa = &a;
        float f1,f2;
        double d1,d2;
        char c1, c2;
        printf("输入整数 a b =");
        scanf("%d%d" ,&a,&b);
        printf("输出 a = %d,b = %d\n", a,b);
        printf("输入整数 a,b =");
        scanf("%d,%d" ,pa,&b);  //当输入项是指针变量时,指针变量前不能加 &
        printf("输出 a = %d,b = %d\n", *pa,b);
        printf("输入单精度浮点数 f1 f2 =");
        scanf("%f %f" ,&f1,&f2);
        printf("输出 f1 = %f,f2 = %f\n", f1,f2);
        printf("输入双精度浮点数 d1 = ,d2 =");
        scanf("%lf,%lf" ,&d1,&d2);
        printf("输出 d1 = %lf,d2 = %lf\n", d1,d2);
```

```
        printf("输入字符 c1 和 c2 = \n");
        fflush(stdin);   //清除前一个 scanf 语句输入时的回车字符
        scanf(" %c", &c1);
        fflush(stdin);    //清除前一个 scanf 语句输入时的回车字符
        scanf(" %c", &c2);
        printf("输出 c1 is %c, c2 is %c\n", c1, c2);
}
```

程序运行输出结果如图 2-11 所示。

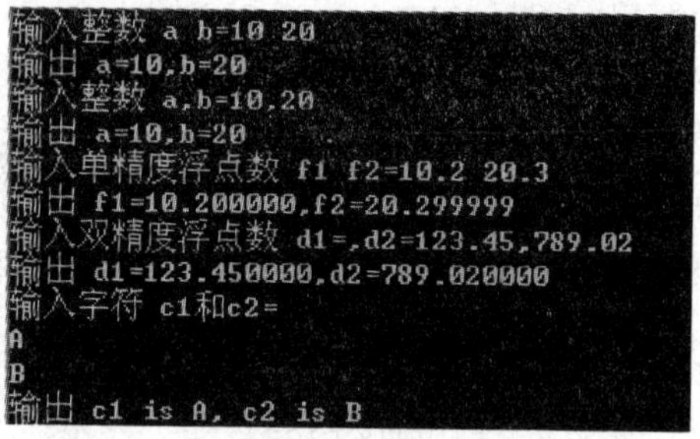

```
输入整数 a b=10 20
输出 a=10,b=20
输入整数 a,b=10,20
输出 a=10,b=20
输入单精度浮点数 f1 f2=10.2 20.3
输出 f1=10.200000,f2=20.299999
输入双精度浮点数 d1=,d2=123.45,789.02
输出 d1=123.450000,d2=789.020000
输入字符 c1和c2=
A
B
输出 c1 is A, c2 is B
```

图 2-11　例 2-14 程序运行输出结果

2.15.3　用 getchar 和 putchar 函数输入/输出单个字符

putchar()函数是向标准输出设备输出一个字符。其调用格式为:

```
putchar(ch);
```

其中 ch 为一个字符变量或常量。它的功能等同于 printf("%c", ch)。

getchar()函数是从键盘上读入一个字符。其调用格式为:

```
ch = getchar();
```

getchar()函数等待输入,直到输入一个字符并且按回车才结束。但只有输入的第一个字符作为函数的返回值赋给字符变量 ch。

例 2-15　getchar()和 putchar()函数的应用。

```
#include <stdio.h>
void main()
{           char ch;
            printf("输入一个字符:");
            ch = getchar();
            putchar(ch);
            putchar('\n');
}
```

程序运行输出结果如下:

```
输入一个字符:M
M
```

C 语言系统中除了提供 getchar()读入一个字符外，还提供函数 getche()和 getch()从标准输入设备读入一个字符。与 getchar()不同的是：getchar()输入一个字符后必须按回车才能被接收，而 getche()和 getch()输入字符后不必按回车键，其中 getch()不回显输入字符。使用函数 getche()和 getch()时，要求程序包含头文件 conio. h。

2.16　顺序结构程序设计综合举例

例 2-16　从键盘输入两个整数赋给两个变量，将两个变量的值进行交换，输出交换后的结果。

解题思路 1：程序声明两个整型变量 a，b：用于存放输入的整数；声明临时变量 temp 用于将两个变量的值交换。交换的过程分三步：

(1) a→temp　(a 的值暂存到 temp)；

(2) b→a　　(b 的值送给 a)；

(3) temp→b　(temp 的值送给 b)；

程序代码：

```
#include <stdio.h>
void main()
{    int a,b,temp;
     printf("Input a and b:");
     scanf("%d%d",&a,&b);
     temp = a;
     a = b;
     b = temp;
     printf("a = %i ,b = %d\n",a,b);
}
```

程序运行输出结果：

```
Input a and b: 10 50
a = 50,b = 10
```

解题思路 2：不借助于临时变量，将两变量的值进行交换。

```
void main()
{    int a,b;
     printf("Input a and b:");
     scanf("%i%i",&a,&b);
     a += b;        //a = a + b;
     b = a - b;
     a = a - b;     //a -= b;
     printf("a = %i ,b = %d\n",a,b);
}
```

例 2-17　从键盘输入一个 4 位十进制数，将四位数字相加，显示相加的结果。

解题思路:设 n 是一个4位十进制数,依次取出 n 的千位、百位、十位和个位上的数字 d4、d3、d2 和 d1 的方法:d1=n%10,表示取 n 除以 10 的余数;d2=n/10%10,表示 n/10 先去掉个位,再与 10 的余数;d4=n/1000,表示 n 含有几个千;d3=n%1000/100,表示去掉千位 n%1000 后的余数含有几个百。

```
#include <stdio.h>
int main()
{   int n,d1,d2,d3,d4;
    scanf("%d",&n);
    d1 = n%10;
    d4 = n/1000;
    d3 = n%1000/100;
    d2 = n/10%10;
    printf("%d\n",d1 + d2 + d3 + d4);
    return 0;
}
```

程序运行结果:

```
1234
10
```

例 2-18 从键盘输入大写字母,转换成小写字母输出。

解题思路:变量 char ch,用于存放输入的字符。用 getchar()输入一个字符,putchar()输出一个字符。将 ch 中的大写字母转换成小写字母的方法:ch=ch+32。因为 26 个大写字母'A','B',…,'Z'的 ASCII 编码值依次为 65,66,…,90(65+25),小写字母'a','b',…,'z'的 ASCII 编码值依次为 97,98,…,122(97+25)。例如,要将'A'转换成'a'可通过 65+32='A'+32 而得。

程序代码:

```
#include <stdio.h>
void main()
{   char ch;
    ch = getchar();
    ch = ch + 32;
    putchar(ch);
    putchar('\n');
}
```

程序运行输出结果如下:

```
B
b
```

例 2-19 指针变量的应用。程序要求从键盘输入圆的半径,计算圆的周长和面积。

程序源代码:

```
#include <stdio.h>
```

```
void main(){
    const double PI = 3.14;                   //定义常量
    int radius, * ip = &radius;
    double perimeter,area, * fp = &perimeter;//fp 初值指向 perimeter
    printf("Input a radius:");
    scanf(" % d",ip);                         //输入项是指针变量,代表 &radius
     * fp = 2 * ( * ip) * PI;                 //求圆周长赋给 fp 指向的 perimeter 变量
    fp = &area;                               //改变 fp 的值,使 fp 指向 area 变量
     * fp = * ip * ( * ip) * PI;              //求面积赋给 fp 指向的 area 变量
    //输出项中的 * fp 代表 fp 指向的 area 变量
    printf("The perimeter = % .2f ,the area = % .2f\n",perimeter, * fp);
}
```

程序运行结果：

```
Input a radius: 3
The perimeter = 18.84 ,the area = 28.26
```

例 2-20　从键盘输入带小数的浮点数，对浮点数的值保留 2 位小数，并对第三位进行四舍五入（规定输入的值是正数）。

解题思路：对浮点数四舍五入后保留 2 位小数的过程：

(1) 设 double h 存放从键盘输入的实数；

(2) 将(h * 1000 +5)的结果取整送给 long 型变量 t；

(3) 将 t/10 的整除结果赋给 t；

(4) 将 t/100. 的实际结果赋给 float 型变量 s；

(5) 输出变量 s 的值。

```
    h = h * 1000;
    t = (h + 5)/10;
s = (double)t/100.0;
```

程序源代码：

```
# include <stdio.h>
void main(){
    double h;
    long t;
    double s;
    scanf(" % lf",&h);
    h = h * 1000;
    t = (h + 5)/10;
    s = (double)t/100.0;
    printf(" % .5f\n",s);
}
```

程序运行结果：

```
45.8954
45.90000
```

2.17 本章小结

C 语言源程序由一个或多个函数组成。

关键字是 C 语言预先定义好的专属单词。

标识符是用户自定义的名字,用来给程序中的变量、常量、函数等实体命名。

C 语言中的基本数据类型有 short、int、long、char、float、double,这些类型前可用 unsigned 或 signed 修饰。C 语言没有逻辑型,逻辑型被映射成整型,true 对应非 0,false 对应 0。

各种类型的文字常量书写形式。

声明变量时,要定义变量的名称和数据类型,并根据数据类型分配一定的存储空间。

常变量或符号常量是给程序中多处使用的文字数据起个名字。

表达式是由运算符和操作数组成的。

算术运算符有+、-、*、/、%,算术运算符操作的对象是数值型,结果也是数值型。

自增(++)和自减(--)运算符的操作数对象是变量。

赋值运算符是将“=”右边表达式的值赋给左边的变量。复合赋值运算符是将赋值符与另一个运算符组合成一个运算符。

对一个表达式进行运算时,要注意运算符的优先级与结合性,以及混合运算时数据类型的转换。

指针变量用于存放地址,通过指针变量能够间接存取它指向的对象变量。

控制台的输入/输出函数:带控制格式的输出 printf 和输入 scanf,单个字符的输入 getchar 和输出 putchar。基本类型数据的输入与输出对应的格式描述符。

顺序结构的程序设计应用实例。

习 题

2.1 分别写出十进制数 125 和 99 的二进制、八进制和十六进制形式。

2.2 写出用一个字节和两个字节表示的 125 和-98 的原码、反码和补码形式。

2.3 基本数据类型 char 型和 int 型所能表达的最大、最小数据。

2.4 根据 C 语言对标识符的命名规定,判断下列标识符哪些是合法的,哪些是非法的。

MyGame,_isHers ,2Program,var_1 ,a-b , const , A $

2.5 C 语言的字符采用何种编码方案?有何特点?写出换行、回车、Tab、单引号和反斜杠的转义符。

2.6 判断下面表达式哪些是非法的,对正确的表达式写出结果值。

(a) 25/3%2 (b) 14%3+7%2 (c) +9/4+5 (d) 7.5%3

(e) 15.25+-5.0 (f) (5/3) * (3+5)%3 (g) 21%(int)5.5

2.7　写出下面表达式的运算结果,设 a=3,b=−5:

(1) −−a % b++　　(2) a+=a　　(3) a*=b+3

2.8　设 double x=2.5; int a=7,b=3 ; float y=4.7f;

计算算术表达式: x+a%b*(int)(x+y)%2 的值和 (float)(a+b)/2+(int)x%(int)y 的值。

2.9　选择题:

(1) 以下选项中不能用作 C 语言程序合法常量数据的是(　　)。

A) 1,234　　B) '123'　　C) 123　　D) "\x7G"

(2) 以下选项中可用作 C 语言程序合法实数的是(　　)。

A) 1e0　　B) 3.0e0.2　　C) E9　　D) 9.12E

(3) 若有定义语句:int a=3,b=2,c=1;,以下选项中错误的赋值表达式是(　　)。

A) a=(b=4)=3;　　B) a=b=c+1;　　C) a=(b=4)+c;　　D) a=1+(b=c=4);

(4) 以下程序运行后的输出结果是(　　)。

```
#include <stdio.h>
main()
{ int x = 011;
  printf("%d\n", ++x);
}
```

A) 12　　B) 11　　C) 10　　D) 9

(5) 以下程序,若程序运行时从键盘输入 48<回车>,则输出结果是(　　)。

```
#include <stdio.h>
main(){
    int c1,c2;
    scanf("%d",&c1);
    c2 = c1 + 9;
    printf("%c%c\n",c1,c2);
}
```

A) 0　　B) 10　　C) 1　　D) 09

(6) 若在定义语句:int a,b,c,*p=&c;之后,接着执行以下选项中的语句,则能正确执行的语句是(　　)。

A) scanf("%d",&p);　　B) scanf("%d%d%d",a,b,c);

C) scanf("%d",p);　　D) scanf("%d",a,b,c);

(7) 执行语句 x=(a=3,b=a++);后,x,a,b 的值依次为(　　)。

A) 3,3,2　　B) 2,3,2　　C) 2,3,3　　D) 3,4,3

(8) 若变量 a,i 已正确定义,且均已正确赋值,合法的语句是(　　)。

A) a+==1　　B) ++i　　C) a=a++=5　　D) a−−=i

(9) 以下选项中合法的 C 语言字符常量是(　　)。

A) '\128'　　B) 'ab'　　C) "a"　　D) '\x4D'

(10) 要输入 double 型的数值,需用格式符(　　)。

A) %d　　B) %ld　　C) %lf　　D) %f

2.10 输入、编译和运行下列程序,观察程序运行输出结果。请理解二、八、十六进制数的互换,以及有符号数的机内表示补码形式。

```
#include <stdio.h>
void  main() {
    char a = 89;            //有符号数 89
    char b = -128;          //有符号数 -128
    unsigned char c = 89;  //无符号数 89
    unsigned char d = 255; //无符号数 255
    printf("十进制数 %d,八进制数是 %o ,十六进制数 %x \n",a,a,a);
    printf("十进制数 %d,八进制数是 %o ,十六进制数 %x \n",b,b,b);
    printf("十进制数 %d,八进制数是 %o ,十六进制数 %x \n",c,c,c);
    printf("十进制数 %d,八进制数是 %o ,十六进制数 %x \n",d,d,d);
}
```

2.11 写出下面程序的运行结果。

(1)

```
main(){
  int x,y,z;
  x = y = 1;
  z = x++ ,y++ , ++y;
  printf(" %d, %d, %d\n",x,y,z);
}
```

(2)

```
main(){
  int a = 1,b = 3,c = 5;
  int *p1 = &a, *p2 = &b, *p = &c;
  *p = *p1 * ( *p2);
  ( *p1) ++ ;  //相当于 a++
  -- *p2;      //相当于 --b
  printf("a = %d %d,",a, *p1);
  printf("b = %d %d,",b, *p2);
  printf("c = %d %d %d",c, *&c, *p);
}
```

(3)

```
void main() {
    char x = 100; int y = 125;
    printf(" %c %c ",x,y);
    printf(" %c %c %c %c\n",'A',65,'\101','\x41');
}
```

2.12 编写一个程序,接受用户输入的一个整数,输出它的八进制和十六进制形式。

2.13 编写一个程序,计算下面表达式的值,输出时使用指数形式,并保留小数点后 7 位。

$$(3.31\times10^{-9}\times2.01\times10-^{7})/(7.15\times10^{-6}+2.01\times10^{-8})$$

2.14　根据用户输入的半径 r，求圆直径 $d=2r$，圆周长 $L=2\pi r$ 和面积 $S=\pi r^2$，球表面积 $SS=4\pi r^2$ 和体积 $V=\frac{3}{4}\pi r^3$。要求显示结果保留3位小数。

2.15　实现对于用户输入的一位数字进行加密显示。加密方法：数字循环左移2位。例如，6加密得到4，2加密得到0，1加密得到9。

提示：类似于钟表盘的循环问题，使用运算符%。求解公式：

密文数字 m=(明文数字 n+循环位移量 d+10)%10

其中 $d=-2$。因为数字循环左移2位。

2.16　编程序实现：将两个两位数字组成的正整数 a，b 合并成一个整数放在 c 中。合并的方式是：将 a 数的十位和个位依次放在 c 数的十位和个位上，b 数的十位和个位依次放在 c 数的千位和百位上。

2.17　编写程序从键盘读入3个double型变量的值，将它们的值挨个向后循环移动一个位置后，输出结果。例如，输入：1.1 2.2 3.3；输出：3.3 1.1 2.2。

2.18　从键盘输入一个四位十进制数，逆序输出用一个空格分隔的各位数字。例如：

输入：1234

输出：4 3 2 1

2.19　某超市举办促销卖鸡蛋活动，鸡蛋每只2元，促销活动买10只送2只，买5只送1只。要求从键盘输入 X 元，算出最多能买多少只鸡蛋。

第 3 章　选择结构程序设计

本章先介绍算法的基本知识和结构化程序设计的方法，在理解程序的三种基本控制结构（顺序结构、选择结构和循环结构）的基础上，详细介绍与选择结构相关的程序设计成分，包括：关系表达式、逻辑表达式、if 语句和 switch 语句，最后讨论选择结构的程序设计实例。

3.1　算法的基本概念和表示方法

学完数据类型、变量、表达式、赋值语句等后，我们就能编写程序以完成一些简单的功能。程序规定了计算机执行的动作序列。它包括两个方面的内容。

（1）对数据的描述。在程序中要指定数据的类型和组织形式，这就是数据结构。

（2）对操作的描述。描述计算机进行操作的步骤，也就是算法。

程序就是对数据进行加工处理以得到期望的结果。程序、数据结构和算法三者之间的关系为：程序＝数据结构＋算法。

3.1.1　算法的基本概念

算法是对一个问题求解步骤的描述，是求解问题的方法，它是指令的有限序列。其中每条指令表示一个或多个操作。一般算法应具有以下的特征。

（1）有穷性。一个算法（对任何合法的输入）在执行有穷步骤后能够结束，并且在有限时间内完成。

（2）确定性。算法中的每一步都有确切的含义。

（3）可行性。算法中的操作能够用已经实现的基本运算执行有限次来实现。

（4）输入/输出信息。一个算法可有 0 个或多个输入数据要加工处理，也可能有 0 个或多个输出信息。

3.1.2　算法的表示

表示算法的方法有多种，常用的有自然语言表示法、伪代码表示法和流程图表示法。

1. 伪代码表示法

伪代码是一种非正式的语言。它使用介于自然语言和程序代码之间的中间语言来表示算法。伪代码描述的算法，表达了程序设计者的思路，能很容易地被转换成程序代码，因而被开发者广泛使用。但伪代码不是程序代码，并不能被计算机识别。

例 3-1　求两个数的较大者。

要解决这个问题,必须进行判断,这需要用选择条件型控制结构。该算法的伪代码描述如下:

```
输入 x,y;
If  x<y  Then
    max=y
Else
    max=x
End if
输出 max
```

例 3-2　要统计出输入的 100 个数之和。

要求 100 个数之和,就必须重复地进行累加,这需要用循环控制结构。算法的伪代码描述如下:

```
sum = 0
conut = 0
输入一个数给 x
sum=sum+x        } 重复 100 次, 重复的条件:count<100
count=count+1    }
输出 sum
```

2. 流程图表示法

流程图是图形化的表示法。它用一组图框表示算法中的操作,用箭头表示算法中的流程。流程图中常用的图形符号如表 3-1 所示。

表 3-1　流程图图形符号

图形符号	操　作
	起止框,表示算法的开始或结束
	输入/输出框,表示算法要请求的输入数据或算法将要输出的结果
	处理框,表示算法的某个处理步骤
	判断框,对给定条件进行判断,根据判断结果选择其后的操作
	流程线,连接各个框图
	连接点,表示与流程图的其他部分相连接
	注解框,标识注解内容

例 3-1 的算法流程图表示为图 3-1。例 3-2 的算法流程图表示为图 3-2。

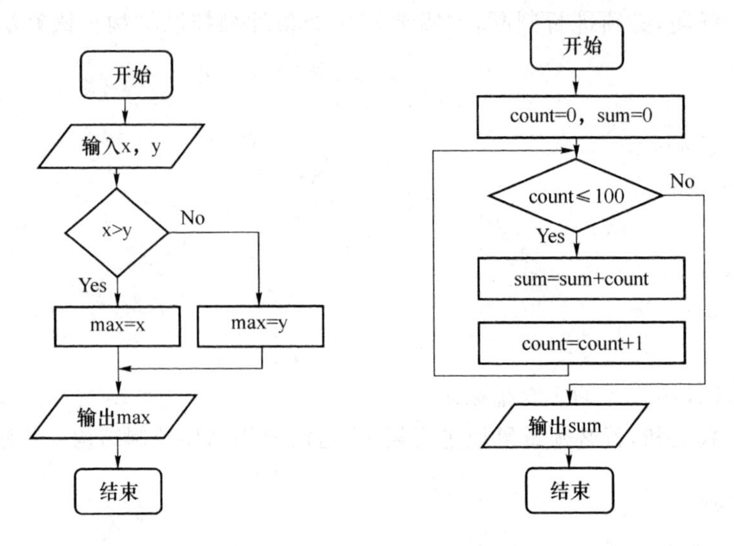

图 3-1　例 3-1 的算法流程图　　　图 3-2　例 3-2 的算法流程图

3.1.3　结构化程序设计

面向过程的程序设计采用的是结构化程序设计的方法。概括说来,结构化程序设计方法具有下面几个特征。

1. 程序由三种基本控制结构组成

三种基本结构是顺序结构、选择结构和循环结构,如图 3-3 所示。

- 顺序结构:三种结构中最简单的一种,即语句按照书写的顺序依次执行。
- 选择结构(又称为分支结构):将根据条件表达式的值来判断应选择执行哪一个流程的分支。
- 循环结构:在一定条件下反复执行一段语句的流程结构。

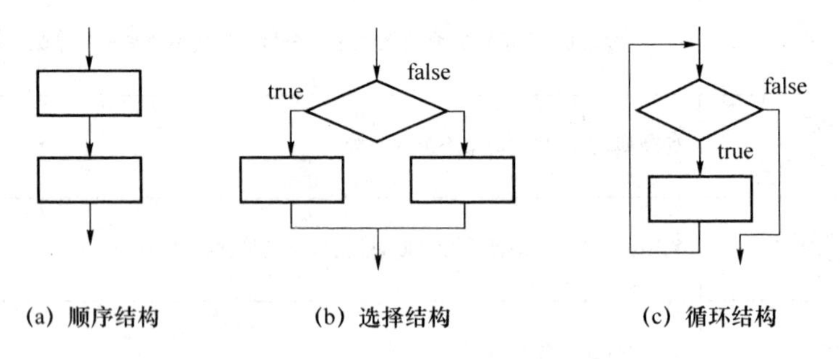

图 3-3　结构化程序设计的三种基本结构

这三种基本结构具有的共同特点:只有一个入口和一个出口。任何一个大型程序的控制结构都由这三种基本结构组合而成,三种基本结构构成了算法控制结构,也是程序的控制流程。

2. 采用"自顶向下、逐步求细"的功能分解法

即一个要解决的问题被分解成若干个子问题,每个子问题又被划分成若干个子子问题。

这种自顶向下的功能分解一直持续下去，直到子问题足够简单，可以在相应的子函数中解决。图3-4说明了自顶向下的功能分解法与面向过程的程序结构的关系。

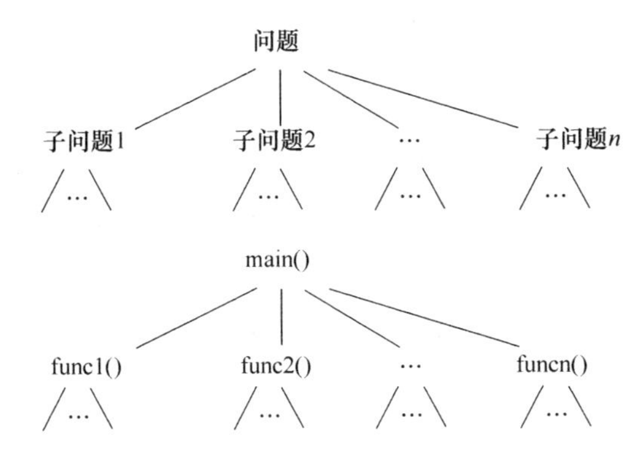

图3-4　自顶向下的功能分解与程序结构

3. 整个程序采用模块化结构

程序结构也按功能划分为若干个模块，这些模块形成一个树形结构。每个模块用一个过程或函数实现，如C语言编制的程序是由main函数加若干个子函数组成，在main函数中调用子函数。

C语言中，负责实现顺序结构的语句有赋值语句、函数调用、输入/输出等语句。负责实现选择结构的语句有if(单分支)、if else(双分支)和switch(多分支)，负责实现循环结构的有while、do while和for语句。本章先讨论选择结构和循环结构中的逻辑条件表达式的构成，接着讨论选择结构相关的语句以及选择结构的程序设计例子。

3.2　关系运算符与关系表达式

在解决许多问题时要进行情况判断，需要对复杂的条件进行逻辑分析。这些复杂的条件在C语言中用逻辑条件表达式(或称为布尔表达式)来表示。布尔表达式中常用的运算符有关系运算符和逻辑运算符。

关系运算是比较两个数据之间的大小。常用的关系运算符如表3-2所示。关系运算的结果是布尔型值true或false。C语言中将布尔型值映射成整数，即false被映射成0，true被映射成非0的整数，通常用1表示。

表3-2　关系运算符

运算符	运算	例子
==	等于	a==b
!=	不等于	a!=b
>	大于	a>b
<	小于	a<b
>=	大于等于	a>=b
<=	小于等于	a<=b

例如，A = 23，B = 16，计算下列关系表达式的值：

A > B 为 true　　　A < B 为 false　　　A >= B 为 true

A <= B 为 false　　　A != B 为 true

A==B 为 false　　　A=B 为 16

这里需注意区分等于号“==”和赋值号“=”，不要混淆。

例 3-3　从键盘输入两个整数，应用关系运算符比较，并输出比较结果。

```
#include <stdio.h>
void main()
{    int a,b;
     printf("a,b = ? \n");
     scanf(" %d, %d",&a,&b);
     printf("比较关系运算结果\n");
     printf("a>b:  %d\n",a>b);
     printf("a> = b: %d\n",a> = b);
     printf("a == b: %d\n",a == b);
     printf("a!= b: %d\n",a!= b);
     printf("a<b:  %d\n",a<b);
     printf("a< = b: %d\n",a< = b);
}
```

程序运行时，可输入任意两个整数，观察程序运行的不同结果。图 3-5 是程序运行的部分结果。

3-5　例 3-3 程序运行部分结果

3.3　逻辑运算符与逻辑表达式

逻辑运算是针对布尔型数据进行的运算，运算的结果仍然是布尔型量。常用的逻辑运算符如表 3-3 所示。逻辑表达式由逻辑运算符、关系表达式、逻辑常量值构成。例如：

x == y && a > b+2

! (a > b)

x > y && a > b || ! (x > a)

1

0

都是合法的逻辑表达式。其中 1 表示逻辑常量 true，0 表示逻辑常量 false。

表 3-3　逻辑运算符

运算符	运算	例子	含义
!	逻辑非	! x	x 真时结果为假，x 假时结果为真
||	逻辑或	x || y	x，y 都假时结果才为假
&&	逻辑与	x && y	x，y 都真时结果才为真

计算逻辑表达式的值，得到的结果是整数，非 0 代表 true，0 代表 false。

例如，对于逻辑表达式(c<70) &&(! valid)，当 c=60，valid=0 时，表达式的结果为非 0；当 c=60，valid=1 时，表达式的结果为 0。

逻辑运算符优先级次序：! 最高，&& 其次，||最低。

当表达式中出现算术运算符、关系运算符和逻辑运算符时，算术运算符优先级最高，其次是关系运算符，逻辑运算符级别最低，运算符的优先级和结合性可参见表 2-9。

例如，12<a<20，逻辑表达式表示为 a > 12 &&a < 20，或者为 (a > 12)&&(a < 20)。

例如，a≤1 或者 a≥10，逻辑表达式表示为 a<=1||a>=10，或者为(a <=1) ||(a >=10)。

例如，判断三个边 a，b，c 是否构成三角形，逻辑表达式表示为：

a +b>c&&a+c>b&&b+c>a

例如，int x ;

逻辑表达式 x==0 等价于! x

逻辑表达式 x!= 0 等价于 x

例 3-4　逻辑运算符的应用。

```
#include <stdio.h>
void main()
{
    int a = 1,b = 0;
    printf("a = 1 ,b = 0 \n 逻辑运算结果\n");
    printf("! a:        %d\n",! a);
    printf("! b:        %d\n",! b);
    printf("a&&b:       %d\n",a&&b);
    printf("a!! b:      %d\n",a||b);
    printf("b == 0:     %d\n",b == 0);
    printf("! b:        %d\n",! b);
    printf("a!= 0:      %d\n",a!= 0);
    printf("a:          %d\n",a);
}
```

程序运行结果如图 3-6 所示。

```
a=1 ,b=0
逻辑运算结果
!a:    0
!b:    1
a&&b:  0
a!!b:  1
b==0:  1
!b:    1
a!=0:  1
a:     1
```

图 3-6　例 3-4 程序运行结果

3.4　用 if 语句实现选择结构

if 语句提供了一种控制机制,使得程序根据相应的条件去执行对应的语句。

if 语句可实现单分支、双分支和多分支的选择结构。相应的,if 语句的格式也有三种形式,下面将讨论它们。

3.4.1　实现单分支的 if 语句

实现单分支的 if 语句一般形式为:

```
if (条件表达式 )
    语句 1;    // if 分支
```

在这种情况下,当条件(或布尔)表达式的值为假时,不需做任何操作,执行流程如图 3-7(a)所示。语句可以是单个语句或复合语句。

例如:实现求某数的绝对值功能的程序片段。

```
if ( x <= 0)  x = -x ;
```

3.4.2　实现双分支的 if 语句

实现双分支的 if else 语句一般形式:

```
if (条件表达式 )
语句 1;        // if 分支
else
语句 2;        // else 分支
```

执行流程:首先计算条件表达式的值,若表达式值为 true,则执行语句 1,否则执行语句 2,如图 3-7 (b)所示。语句 1 和语句 2 可为单个语句或复合语句。

例如,求 x、y 较大者的程序段:

```
if (x>y)  z = x;
else      z = y;
```

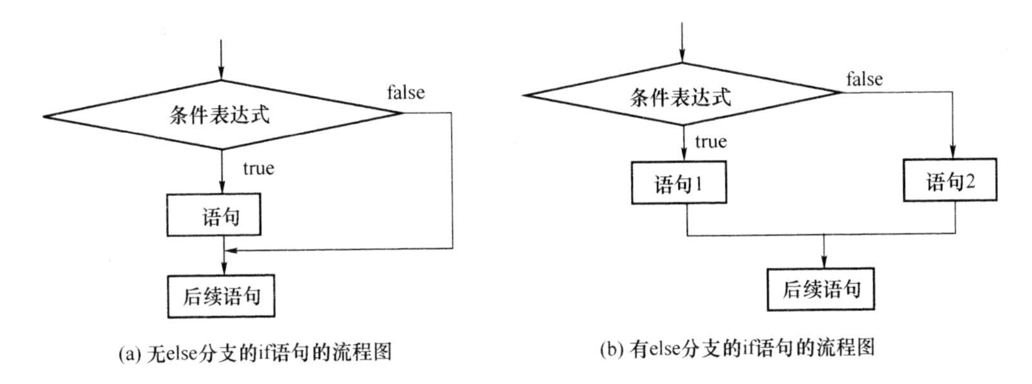

(a) 无else分支的if语句的流程图　　(b) 有else分支的if语句的流程图

图 3-7　if 语句流程图

例 3-5　输入一个年份，判断是否为闰年。

解题思路：判断闰年的条件是：年份能被 4 整除而不能被 100 整除，或者能被 400 整除。程序的流程是：先输入年份到变量 year 中，接着判断是否为闰年，最后输出判断结果。

```
#include <stdio.h>
void main()
{     int year;
      printf("Enter the year:");
      scanf("%d",&year);
      if ((year % 4 == 0 && year % 100 != 0)||(year % 400 == 0))
           printf("%d is a leap year.\n",year);
      else
           printf("%d is not a leap year.\n",year);
}
```

程序运行结果：

```
Enter the year:2012
2012 is a leap year.
```

书写 if 语句时的注意点如下：

(1) 条件逻辑表达式必须用“()”括起来。

(2) 书写格式上要注意语句之间的缩进关系。语句 1 和语句 2 行要缩进写，表示语句 1 受 if 条件控制，语句 2 受 else 控制。

(3) “;”不能乱加在 if (CC) 和 else 的后面 ，即：

```
if (CC) ;
     语句 1;
else ;
     语句 2
```

这样写法表示 if(CC)条件为 true 时，执行空语句；语句 1 将变为无条件的执行；else 没有了配对的 if，编译会报错；“else ;”也表示 else 条件满足时执行空语句；语句 2 将变为无条件的执行。

(4) if 和 else 中语句 1 和语句 2 为多条语句时,必须用大括号“{}”括起来。当为一条语句时可以不加大括号

例如,将存放在 a、b 中的两个数由小到大排序,正确的写法为:

```
int a=5,b=3,tmp;
if (a>b) {
  tmp=a; a=b; b=tmp;
}
```

而错误的写法:

```
if (a>b)
  tmp=a; a=b; b=tmp;
```

表示当 a>b 为真时只执行一条语句 tmp=a,后面的两个语句 a=b; b=tmp;是无条件的执行,不受 if 条件控制。

3.4.3 实现多分支的 if 语句嵌套

if 语句中内嵌的语句 1 或语句 2 又可以是 if 语句的情况称为 if 语句的嵌套。嵌套的 if 语句的一般格式为:

```
if (逻辑表达式 1) 语句 1
else  if (逻辑表达式 2)    语句 2;
else  if (逻辑表达式 3)    语句 3;
…
else  if (逻辑表达式 m)    语句 m;
[ else                     语句 m+1 ];
```

其中最后一行 else 分支可选(可能有也可能无),这里用中括号[]表示可选。

在嵌套的 if 语句中, else 总是与前面离它最近的 if 配对。如果需要的话,可以通过使用花括号“{}”来改变这种配对关系。书写时也要注意语句之间的缩进关系。

例如,根据的 x 值,求出 y 值:

$$y=\begin{cases}-1 & (x<0)\\ 0 & (x=0)\\ 1 & (x>0)\end{cases}$$

用 if 语句可表示为:

```
if (x<0)    y= -1;
else if (x==0)   y=0;
else   y= -1;
```

也可等价表示:

```
if (x<0)    y= -1;
else  if  (x==0)   y=0;
      else     y= -1;
```

这种书写格式,呈现了 else 与 if 的配对关系。可以看到多分支的 if 语句实际上是双分支的特

殊情形。

例如：

```
if (a == 8)
     if (b == 5)
         printf("@@@@\n");
     else
        printf("####\n");
```

而下面这段代码，通过加“{}”改变了 if else 匹配关系：

```
if(a == 8) {
    if (b == 5)
        printf("@@@@\n");
  }
  else
        printf("####\n");
```

例 3-6　从键盘输入三个整数，求三个数之中的最大数。

解题思路：设 a，b，c 存放键盘输入的三个数。求 max 的算法流程图，如图 3-8 所示。

```
void main()
{   int a,b,c,max;
    printf( "Enter the a,b,c:");
    scanf("%d%d%d",&a,&b,&c);
    if(a>b)
        if (a>c)
            max = a;          //a>b  a>c
        else
            max = c;          // b<a<=c
     else
        if (b>c)
            max = b;          //a<=b  c<b
        else
            max = c;          //a<=b  b<=c
    printf("最大数是：%d\n",max);
}
```

程序运行结果：

```
Enter the a,b,c:12 56 10
最大数是:56
```

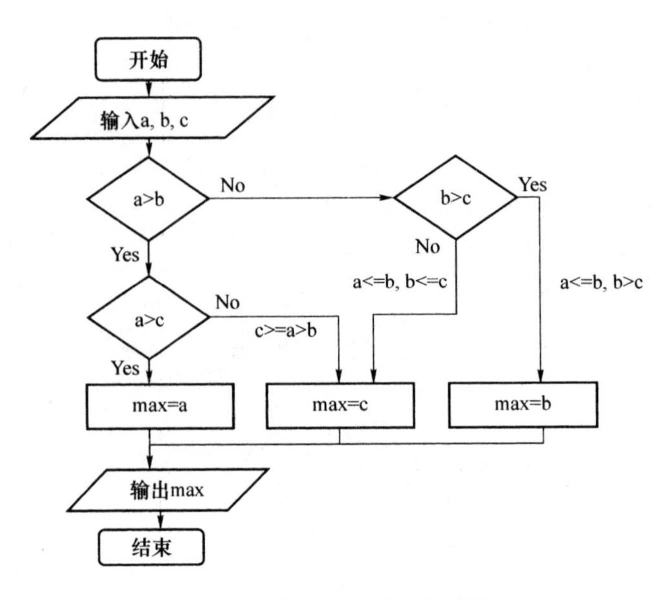

图 3-8　求 max 的算法流程图

3.4.4　条件运算符与条件表达式

条件运算符“?:”是 C 语言中仅有的一个三目运算符,它能实现简单的选择结构功能。条件表达式的形式为:

```
e1 ? e2 :e3
```

其中 e1 是逻辑表达式。计算规则为:先计算表达式 e1 的值,若 e1 为真,则整个三目运算的结果为表达式 e2 的值;若 e1 为假,则整个运算结果为表达式 e3 的值。要求 e2 和 e3 表达式的类型要一致。

例如:

```
int  x = 4,  y = 8,  z = 2 ;
int  k = x < 3 ? y : z ;           // x < 3 为 false,所以 k 取 z 的值,结果为 2
int  y = x > 0 ? x : -x ;          // y 为 x 的绝对值
int max = a > b ? a :b;            //max 取 a,b 中的大值
printf(a>b?"a>b":"a< = b");        //根据条件表达式的值,打印不同的字符串
```

3.5　用 switch 语句实现选择结构

switch 语句是多分支的开关语句,它的一般格式如下:

```
switch(表达式){
    case 常量表达式 1:语句 1                    // case 分支 1
    case 常量表达式 2:语句 2                    // case 分支 2
     ⋮
    case 常量表达式 n:语句 n                    // case 分支 n
    [default:缺省处理语句]                      // default 分支
}
```

switch 语句的执行顺序:先计算表达式的值,并逐个与其后的常量表达式的值相比较,当表达式的值与某个常量表达式的值相等时,即执行其后的语句,然后不再进行判断,继续执行后面所有 case 后的语句。如果表达式的值与所有 case 后的常量表达式均不相同时,则执行 default 后的语句。在 default 分支不存在的情况下,则跳出整个 switch 语句。

switch 语句需要注意以下几点。

(1) 表达式类型为 int 型或 char 型。

(2) 常量表达式必须是常量组成的表达式,不能含有变量。

例如:

```
char c1,a1 = 'A';...
switch (c) {
    case a1: ....
```

是错误的。

(3) default 分支可选。这里用中括号[]表示可选。

(4) switch 语句的每一个 case 判断,只是指明流程分支的入口点,而不是指定分支的出口点,分支的出口点需要用相应的跳转语句 break 来标明。请看下面的程序段:

```
switch (MyGrade){
      case 'A': printf("5");
      case 'B': printf("4");
      case 'C': printf("3");
      case 'D': printf("2");
      default: printf("0");;
}
```

分析该程序执行时输出结果的几种情形:

(a) 假设变量 MyGrade 的值为'A',执行完 switch 语句后输出结果为"54320"。这是因为 case 判断只负责指明分支的入口点,表达式的值与第一个 case 分支的判断值相匹配后,程序的流程进入第一个分支,输出"5"。由于没有专门的分支出口,所以流程将继续沿着下面的分支逐个执行,输出"4",输出"3",输出"2",到最后一个分支 default 时输出"0"。

(b) 假设变量 MyGrade 的值为'B',则输出结果为"4320"。

(c) 假设变量 MyGrade 的值为'C'则输出结果为"320"。

(d) 假设变量 MyGrade 的值不为'A'～'B'之间的字符,则输出结果为"0"。

如果希望 switch 流程在流入(匹配)某一个分支后就跳出 switch 语句块,则需要为每一个分支加上 break 语句。

修改后的程序段代码如下：

```
switch (toupper( MyGrade)){
        case 'A': printf("5");break;
        case 'B': printf("4");break;
        case 'C': printf("3");break;
        case 'D': printf("2");break;
        default: printf("0");break;
}
```

switch 语句的各 case 分支中带有 break 语句的执行流程如图 3-9 所示。上面修改后的程序段执行输出结果为：如果变量 MyGrade 的值为'A'，输出结果为 "5"；如果变量 MyGrade 的值为'B'，则输出结果为 "4"等。其中最后一个分支 default 中的 break 语句可省略。其中 toupper(MyGrade)是将字符转换成大写字符的系统函数。

(5) case 分支中可包含多个语句，且可以不用{ }括住。

(6) 在一些特殊的情况下，多个不同的 case 值要执行一组相同的操作。下面的例子是上例的进一步修改，仅划分为"通过"与"不通过"。

```
switch (toupper(MyGrade)){
        case 'A':
        case 'B':
        case 'C':
        case 'D': printf("passed");break;
        default: printf("failed");
}
```

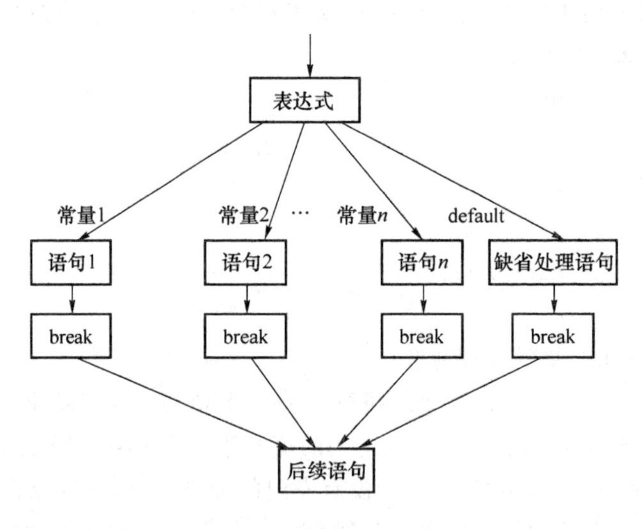

图 3-9　带有 break 的 switch 语句的流程图

(7) 使用 if-else 语句可以实现 switch 语句的所有功能。但通常使用 switch 语句更简练，且可读性强，程序的执行效率也高。

(8) if-else 语句可以基于一个范围内的值或一个条件来进行不同的操作，但 switch 语句中的每个 case 子句都必须对应一个单值。

例 3-7　输入一个 0～100 的整数，实现学生成绩从百分制到等级制的转换。

程序代码如下：

```
#include <stdio.h>
void main()
{    char grade; int score;
     printf( "Enter the score:");
     scanf(" %d",&score);
     switch (score/10)          //两个整型数相除的结果还是整型
     {
       case 10:                 //判断值为 10 和 9 时的操作是相同的
       case 9: grade = 'A'; break;
       case 8: grade = 'B'; break;
       case 7: grade = 'C'; break;
       case 6: grade = 'D'; break;
       default: grade = 'F';
     }
     printf( "grade is  %c\n",grade);
}
```

程序运行结果：

```
Enter the score:80
grade is  B
```

3.6　选择结构程序设计综合举例

例 3-8　求一元二次方程 $ax^2+bx+c=0$ 的解。

解题思路：输入三个浮点数送入 double 类型变量 a,b,c。令 $t=b^2-4ac$，求方程解时考虑有几种情形。

(1) 当 $a==0$，不是一元二次方程。判断浮点型的数 a 等于 0，不能简单用 $a==0$，而必须用 $|a|<10^{-6}$。这是因为计算机在存储浮点数时，只能近似表示一个浮点数。

(2) 当 $t==0$，有两相等的实根。判断浮点型的数 t 等于 0，也要用 $|t|<10^{-6}$。

(3) 当 $t>0$，输出两个实根。

(4) 当 $t<0$，有两个共轭复根。输出以 $p+qi$ 和 $p-qi$ 的形式，其中：$p=-b/2a$，$q=\sqrt{|t|}/2a$。

程序代码：

```
#include<stdio.h>
#include<math.h>
int main()
{ double a,b,c,t;
```

```
    double x1,x2;
    double p,q;
    printf("Input a,b,c?   ");
    scanf("%lf,%lf,%lf",&a,&b,&c);
    if ((fabs(a)<1e-6))   printf("不是一元二次方程\n");   //判断 a==0
    else
    {  t=b*b-4*a*c;
       p=-b/(2*a);
       if (fabs(t)<1e-6)      //t==0
          printf("有两个相等的实根 %8.4f\n",p);
       else if (t>0) {
          x1=(-b+sqrt(t))/(2.0*a);
          x2=(-b-sqrt(t))/(2.0*a);
          printf("x1= %8.4f\nx2= %8.4f\n",x1,x2);
       }
       else {                              //t<0
          p=-b/(2*a);
          q=sqrt(fabs(t))/(2*a);
          printf("x1= %8.4f + %8.4f i\n",p,q);
          printf("x1= %8.4f - %8.4f i\n",p,q);
       }
    }
}
```

程序运行部分输出结果如图 3-10 所示。

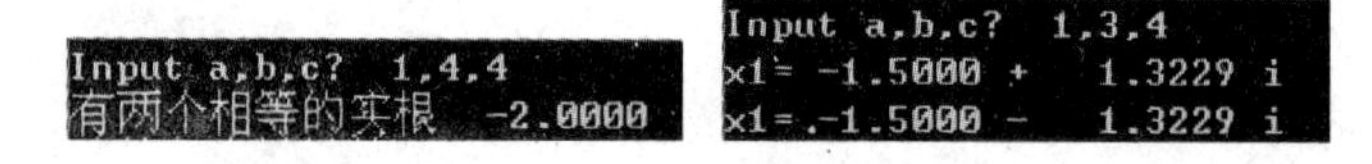

图 3-10　例 3-8 程序运行部分结果

例 3-9　房屋公积金贷款计算器的设计。

已知某银行 2011 年房屋公积金的贷款年利率如下:4.45(五年及五年以下),4.90(五年以上)。设个人购房抵押贷款的还款方式是等额本息还款法:即从使用贷款的第二个月起,每月以相等的额度平均偿还贷款本金和利息。每月等额还本付息额计算公式如下:

$$m=P\times\frac{R\times(1+R)^N}{(1+R)^N-1}$$

其中:P 为贷款本金 ,R 为月利率(月利率=年利率/12),N 为还款期数(还款期数=贷款年限×12)。要求用户输入贷款本金(万元)和年限后,计算出每月还款额、利息合计和还款总额。

程序代码如下:

```
#include<stdio.h>
#include<math.h>
#define R1 4.45
```

```
#define R2 4.9
void main()
{   double p;int y,n;
    double r;
double m;
    printf("输入贷款数额(万元):");
    scanf("%lf",&p);
printf("输入贷款年限:");
    scanf("%d",&y);
    switch(y)
    {
        case 0:
        case 1:
        case 2:
        case 3:
        case 4:
        case 5:  r=(double)R1/12/100; break;     //计算月利率
        default: r=(double)R2/12/100;
    }
n=y*12;
p=p*10000;
m=p*((r*pow(1+r,n))/(pow(1+r,n)-1));
    printf("每月还款数额(元):%.2f\n",m);
printf("利息合计(元):%.2f  还款总额(元):%.2f\n",m*n-p,m*n);
}
```

程序运行结果如图 3-11 所示。

```
输入贷款数额(万元): 50
输入贷款年限: 10
每月还款数额(元):5278.87
利息合计(元):133464.37  还款总额(元):633464.37
```

图 3-11　例 3-9 程序运行输出结果

3.7　本章小结

算法是对一个问题求解步骤的描述，它描述了解决问题的程序设计思路。流程图是算法的常用表示法。

顺序结构、选择结构和重复结构是程序的三种基本控制结构。

关系运算符、逻辑运算符出现在表示判断条件的逻辑表达式中，这些运算符操作的结果只有 true(非 0)和 false(0)两种情形。

选择结构分为单分支结构、双分支结构和多分支的结构。if语句能够实现单分支、双分支和多分支。switch语句能实现多分支,但判断表达式必须是整型或字符型。

习　题

3.1　结构化程序设计的特点是什么?程序三种基本控制结构是什么?

3.2　C语言中如何表示逻辑值true和false?

3.3　写出下面表达式的值,设a=1,b=0,c=3。

(1) (a>=1 && a<=12 ? a : b)　　(2) (−1)&&(−1)

(3) −−a||b++ && ! c　　(4) (a!= b)&&(3==2+1)||(4<2+5)

(5) ! (a>b)&&! c||b　　(6) (! b) == (b==0)

3.4　选择题

(1)下列运算符中优先级最高的是(　　)。

A) <　　B) +　　C) &&　　D) !=

(2) 能正确表示"当x的取值在[1,10]和[200,210]范围内为真,否则为假"的表达式为(　　)。

A) (x>=1) &&(x<=10) &&(x> = 200) &&(x<=210)

B) (x>=1) || (x<=10) ||(x>=200) ||(x<=210)

C) (x>=1) &&(x<=10)||(x>= 200) &&(x<=210)

D) (x > =1)||(x< =10) && (x> = 200)||(x<=210)

(3) 判断char型变量ch是否为大写字母的正确表达式是(　　)。

A) 'A' <=ch<='Z'　　B) (ch> ='A')&(ch<='Z')

C) (ch>='A')&&(ch<='Z')　　D) ('A'< = ch)AND('Z'> = ch)

(4)判断A的值为奇数时,表达式的值为"真",A的值为偶数时表达式的值为"假"。以下不能满足要求的表达式是(　　)。

A) A%2==1　　B) !(A%2 = =0)

C) !(A%2)　　D) A%2

(5) 若已定义:int a=25,b=14,c=19; 以下三目运算符(?:)所构成的语句执行后

a< = 25 && b< = 2 &&c?

printf("***a = %d,b = %d,c = %d\n",a,b,c):printf("###a = %d,b = %d,c = %d\n",a, b,c);

程序输出的结果是(　　)。

A) ***a=25,b=13,c=19　　B) ***a=26,b=14,c=19

C) ### a=25,b=13,c=19　　D) ### a=26,b=14,c=19

3.5　当整数x分别等于95、87、100、43、66、79,请写出以下程序段运行输出结果。

```
switch(x/10)
{  case 6:
   case 7:
      printf("Pass\n");  break;
```

```
        case 8:
          printf("Good\n");  break;
        case 9:
        case 10:
          printf("VeryGood\n");   break;
        default:
          printf("Fail\n");
}
```

3.6　当 a 分别为 1,0 时,写出以下程序段运行输出结果。

```
int b = 0;
if (! a) b ++ ;
else if (a == 0)
        if (a) b += 2;
        else b += 3;
printf(" % d",b);
```

3.7　编程程序,依据 x 的取值范围求 y 的值:

$$y=\begin{cases} x & (x\leqslant 1) \\ 2x-1 & (1<x<10) \\ 3x^2-2x-1 & (x\geqslant 10) \end{cases}$$

3.8　编写程序,接受用户输入的一个 1～12 之间的整数,利用 switch 语句输出对应月份的中文或英文单词。

3.9　编写程序,从键盘输入三个数,判断它们是否构成三角形的三条边,若是则输出三角形的面积。

3.10　编写实现计算器程序。用户输入运算数和四则运算符,输出计算结果。例如,下面是程序运行两次的结果:

输入:12+3

输出:12+3=15

输入:12-3

输出:12-3=12

3.11　已知银行存款不同期限的年息利率如下:3.5%(一年),4.4%(二年),5.0%(三年),5.59%(五年以上),要求输入本金及期限(只考虑 1,2,3,5 年),求到期时从银行得到多少钱?

第 4 章　循环结构程序设计

循环结构是在一定条件下，反复执行某段程序的流程结构，被反复执行的程序段被称为循环体。

例如：求 1＋2＋3＋…＋100 之和。这是一个累加的问题，可通过分别将 1，2，3，…，100，累加到求和变量 sum 中。算法的伪代码可表示为：

```
sum = 0，i = 1
sum = sum + i  )
i = i + 1      ) 循环体，重复的条件是 i< = 100
```

循环结构是程序中非常重要和基本的一种结构，它是由循环语句来实现的。C 语言中的循环语句有三种：while 语句、do-while 语句和 for 语句。下面将详细讨论如何使用这些语句表达循环结构，以及循环结构的程序设计应用举例。

4.1　用 while 语句实现循环

while 语句的一般语法格式如下：

```
while ( 条件表达式 )
  循环体
```

其中条件表达式的返回值为逻辑型，其值为 true 或 false；循环体可以是单个语句，也可以是复合语句块（即用{}括住的多条语句）。

while 语句的执行过程如图 4-1 所示。首先，计算条件表达式的值。如果其值为真，就执行循环体，循环体执行完之后再无条件转向条件表达式做计算与判断；当计算出条件表达式为假时，跳过循环体执行 while 语句的后续语句。由于在循环之前总是要先测试循环条件，所以 while 循环又被叫作 pre-test looping。

例 4-1　用 while 语句求 1＋2＋…＋100 的和。

解题思路：用累加算法：sum＝sum＋i(i 从 1 到 100)，累加过程是一个循环过程，流程图如 4-2 所示。其中 i＝1，sum＝0 被称作循环初始化，是为循环做准备工作；i<＝100 被称作循环条件；循环体是 sum＝sum＋i；i＝i＋1，对于包含两条语句以上的循环体，必须用大括号{}括住。

程序代码：

```
#include <stdio.h>
void main() {
    int i,sum;
    sum = 0;        //累加和变量置 0
```

```
    i = 1;          //计数器 i 的初始值为 1
    while (i< = 100)
    {
      sum += i;
      i++ ;
    }
}
```

程序运行输出结果如下：

```
sum = 5050
```

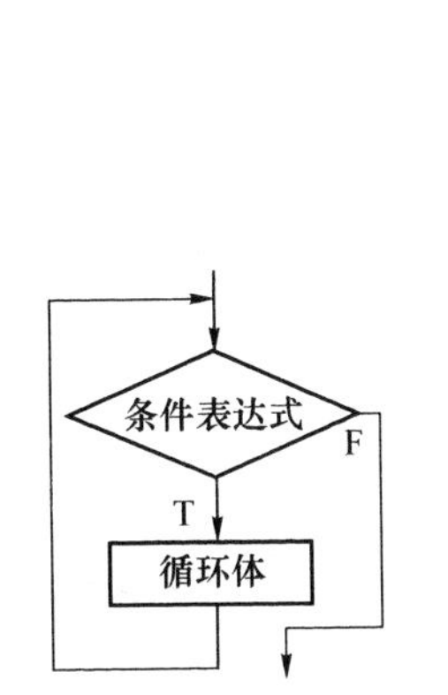

图 4-1　while 语句执行流程

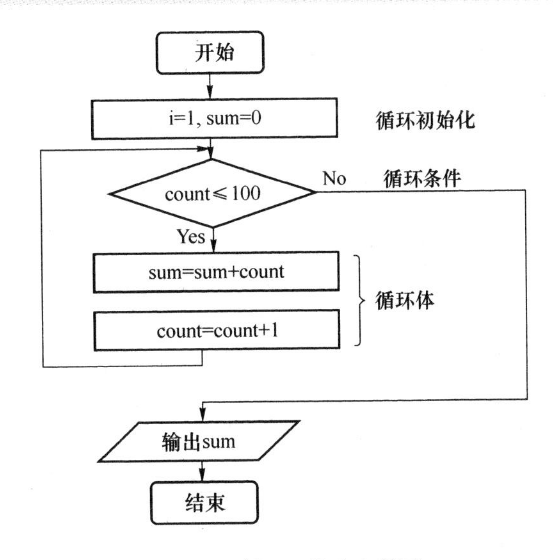

图 4-2　例 4-1 算法流程图

请思考：

1. 将上面例题的累加和的算法改为 sum＝sum＋i，但 i 从 100 变化到 1，则程序应如何修改？

2. 求 100 以内的奇数(或偶数)之和。上面程序应如何修改？

3. 当累加和仍为 sum＝sum＋i　(i 从 1 到 n)，但 n 从键盘输入。程序应如何修改？当输入 n 为 0 时，循环执行多少次？

例 4-2　从键盘输入一组学生的成绩，统计这组成绩的及格和不及格的人数，以及平均成绩。假设这组成绩的结尾标志是小于 0 的数据。

解题思路：变量分配：input 存放输入的成绩；passed 为及格人数；

failed 为不及格的人数；avg 为平均成绩。

处理过程：(1) passed＝0，failed＝0，avg＝0。

(2) 输入的成绩→input。

(3) 当 input ≥0 重复进行：

$$\begin{cases} \text{avg=avg+input} \\ \text{if input} \geq 60 \text{ 则 passed++} \\ \text{否则 failed++} \\ \text{输入的成绩} \rightarrow \text{input} \end{cases}$$

(4) avg=avg/(failed+passed)。

(5) 打印 passed,failed,avg。

程序代码:

```
#include <stdio.h>
void main() {
   int input,passed = 0,failed = 0;
   double avg = 0;
   scanf("%d",&input);
   while (input>= 0) {
        avg += input;
        if (input>= 60) passed++ ;
        else failed++ ;
        scanf("%d",&input);
   }
   avg = avg/(passed + failed);
   printf("passed= %d,failed= %d,average score is %.2f\n",passed,failed,avg);
}
```

程序运行结果如图 4-3 所示。

```
90 80 70 67 23 12 45 56 66 77 85 -1
passed=7,failed=4,average score is 61.00
```

图 4-3 例 4-2 程序运行结果

用 while 循环语句时应该注意:在循环体中,一般要有包含改变循环条件表达式的语句,否则会造成无限循环(死循环,infinite loop)。如果去掉例 4-1 循环体中的语句 i++,则循环就变成了死循环,i 称为循环的控制变量,循环控制变量在循环体中一定要有语句改变它的值。

4.2 用 do-while 语句实现循环

do-while 语句的语法形式为:

```
do {
    循环体
} while (条件表达式);
```

do-while 的流程结构如图 4-4 所示。该语句执行的过程为:先执行循环体语句,后判断条件表达式的值。如果条件表达式的值为 true,继续执行循环体;如果条件表达式的值为 false,

则结束循环。在循环之后才测试循环条件，所以 do-while 循环又被叫作 post-test looping。

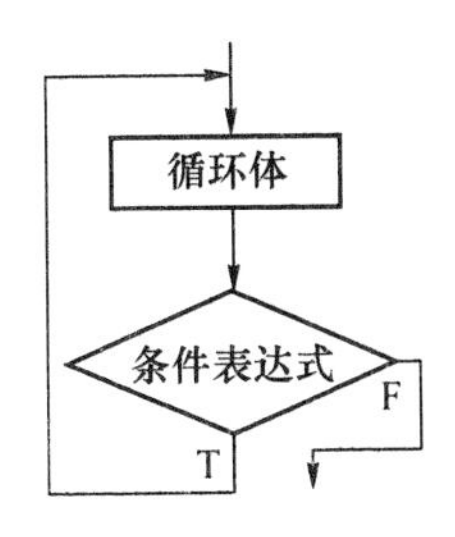

图 4-4　do-while 语句执行流程

例 4-3　用 do-while 语句求 1+2+…+100 的和。

```
#include <stdio.h>
void main() {
int i,sum;
    sum = 0;      //累加和变量置 0
    i = 1;        //计数器 i 的初始值为 1
    do{
     sum += i;
     i++;
    } while (i<=100);
    printf("sum = %d\n",sum);
}
```

程序运行输出结果同例 4-1。

do-while 语句和 while 语句都是实现循环结构，但两者是有区别的。现在我们将例 4-1 和例 4-3 程序中的 i 初值由 1 修改为 101，比较两个程序的输出结果可知，例 4-1 程序输出结果为 0，而例 4-3 程序输出结果为 101，从而得到 do-while 语句和 while 语句的区别：do-while 语句先执行循环体，然后判断条件表达式的值，再决定是否继续循环；而 while 语句是先判断条件表达式的值，再决定是否执行循环体。所以，用 do-while 语句时循环体至少执行 1 次，而 while 语句的循环体执行的次数可能为 0。

例 4-4　输入一个整数，将各位数字反转后输出。

解题思路：将一个整数 n 的各位数字反转输出，即先输出个位、十位、百位……直至最高位。采用不断除以 10 取余数的方法，直到商等于 0 为止。由于无论整数 n 是多少位，至少要输出个位数(即使 $n=0$)，因此用 do-while 语句循环。算法分析过程的伪代码描述如下：

```
输入 n;
rightDigit = n % 10;  ┐
输出 rightDigit;      ├重复此过程直到 n==0 为止
n = n/10;             ┘
```

此循环用 do-while 语句实现较方便。

程序代码：

```
#include <stdio.h>
void main() {
```

```
    int n;                      //n 存放输入数
    int rightDigit;             // rightDigit 存放一位数字
    printf("输入一个整数:");
    scanf(" %d",&n);
    printf("反转序列为:");
    do {    rightDigit = n % 10;
            printf(" %d",rightDigit);
            n = n/10;
    } while (n!= 0);
    printf("\n");
}
```

程序运行结果如图 4-5 所示。

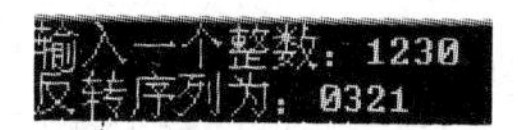

图 4-5　例 4-4 程序运行输出结果

4.3　用 for 语句实现循环

for 语句是 C 语言中三个循环语句中功能较强、使用较广泛的一个。for 语句的一般语法格式如下:

```
for (表达式 1;表达式 2;表达式 3)
  循环体
```

其中:

(1) 表达式 2 是条件表达式,用来判断循环是否继续。

(2) 表达式 1 完成循环变量和其他变量的初始化工作。

(3) 表达式 3 用于改变循环控制变量的值。三个表达式之间要用分号隔开。

for 语句的执行流程如图 4-6 所示。其执行过程如下:

(1) 首先计算条件表达式 1 的值,完成必要的初始化工作。

(2) 再判断表达式 2 的值,若值为 false,则跳出整个 for 语句(循环结束),若表达式 2 的值为 true,则执行循环体,执行完循环体后再计算表达式 3 的值(表达式 3 往往用于修改循环条件)这样一轮循环就结束了。

(3) 跳转到(2)重新开始下一轮循环。

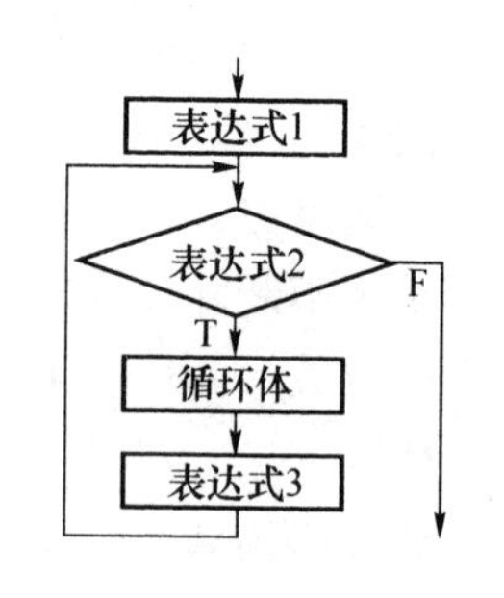

图 4-6　for 语句执行流程

例 4-5　用 for 语句求 1+2+…+ n 的和,n 从键盘输入。

```
#include <stdio.h>
void main() {
int i,n,sum;
```

```
    printf("输入 n? ");
    scanf("%d",&n);
        sum = 0;                    //累加和变量置 0
        for (i = 1;i< = n;i ++ )
            sum += i;
        printf("sum = %d\n",sum);
}
```

程序运行结果：

```
输入 n? 200
sum = 20100
```

在上述例子中，称变量 i 为循环控制变量。i 初值为 1，终值为 n，i++叫作步长，它决定着由初值变化到终值的过程。

例如：求 100 之内的偶数之和，可表示为：

```
for (i = 100;i> = 2;i = i - 2) sum += i;
```

其中 i 的初值 100 比终值 2 大，循环的条件应该为 i>=2，不能写成 i<=2，否则第一次进入循环时，测试循环条件为假，循环次数为 0。

例 4-6　输入一个整数，求出它的所有因子。

解题思路：求一个整数 n 的所有因子的算法：对 1～ n 的全部整数 k 进行判断，如果能整除 k 的均是 n 的因子。即 $n\%k==0$　（k 从 1 变化到 n）。程序代码如下：

```
#include <stdio.h>
void main() {
    int k,n;
    printf("输入 n? ");
    scanf("%d",&n);
    for (k = 1;k< = n;k ++ )
        if (n % k == 0)
            printf("%d   ",k);
    printf("\n");
}
```

程序运行输出结果：

```
输入 n? 24
1 2 3 4 6 8 12 24
```

一般来说，在循环次数预知的情况下，用 for 语句比较方便，而 while 语句和 do-while 语句比较适合于循环次数不能预先确定的情形。

关于 for 语句的几点说明。

（1）for 语句的三个表达式可以为空（但分号一定不能省略），但若表达式 2 也为空，则表示当前循环是一个无限循环，需要在循环体中书写另外的跳转语句终止循环。例如：

```
for (; ;)语句;                    //相当于 while(1)语句;
for (; i< = 100;)语句;            //相当于 while (i< = 100)语句;
```

（2）在表达式 1 和表达式 3 的位置上，可以包含用逗号分隔的多个表达式。

请看下面几个程序段,其中程序段1、2、3和4是功能等价的,只是写法上不同。

程序段1:

```
sum = 0;
for(i = 1;i< = 100;i ++ )                    //在for语句中给控制变量i赋初值
{
  sum += i;
}
```

程序段2:

```
sum = 0;
i = 1;                                       //在for语句之前给循环控制变量赋初值
for (; i<100; i ++ )  sum = sum + i;         //省略表达式1
```

程序段3:

```
i = 1;                                       //在for语句之前给循环控制变量赋初值
for (sum = 0; i<100; i ++ )  sum = sum + i;  //表达式1与循环控制变量无关
```

程序段4:

```
for (sum = 0,i = 1;  i<100;)                 //省略表达式3,表达式1为逗号分隔的两个
                                               表达式
  { sum = sum + i;  i ++ ;}                  //在循环体中改变循环控制条件
```

程序段5:

```
for( i = 0, j = 10; i<j; i ++ , j) {k = i + j;}
```

表达式1和表达式3都为逗号表达式。for语句执行结束后,k、i和j的值分别为10、5和5。

```
for(i = 0; (c = getchar())!= '\n'; i += c)  ;
```

要注意的是,在for语句中,表达式1和表达式3可以为逗号表达式,但表达式2只能为逻辑型表达式,不可以是逗号表达式。例如下面的for语句是错误的:

```
for( i = 0, j = 10; i<10,j>5;i ++ , j) {……}     //因为表达式2是逗号表达式
```

但可以写成下面正确的for语句:

```
for( i = 0, j = 10; i<10 &&j>5;i ++ , j) {……}
```

从键盘输入一行字符串,统计字符的个数的程序段为:

```
for(i = 0; (c = getchar())!= '\n'; i ++ )  ;
```

等价于:

```
i = 0; while (c = getchar())!= '\n')i ++ ;
```

4.4 循环的嵌套

一个循环体内又包含另一个完整的循环结构,称为循环的嵌套。内嵌的循环中还可以嵌套循环,这就形成多重循环。三种循环语句(while循环, do-while循环和for循环)它们可以相互嵌套使用。例如:

```
int m,p;
m = 1;
do {                                        //外层循环
  p = 3;
```

```
    while (p <6){                        //内层循环
        printf("m = %d and p = %d\n", m,p);
    p++;
    }
    m++;
}while (m != 3);
```

上面程序段运行输出结果如下：

```
m = 1 and p = 3
m = 1 and p = 4
m = 1 and p = 5
m = 2 and p = 3
m = 2 and p = 4
m = 2 and p = 5
```

观察程序输出结果，分析嵌套循环结构的执行流程如下：

（1）外层循环第一轮 m=1 时，内层循环控制变量 p 值依次取值 3、4、5，执行打印语句，内层循环出口时 p 的值为 6；

（2）外层循环第二轮 m=2 时，内层循环控制变量 p 值依次是 3,4,5，执行打印语句，内层循环出口时 p 的值为 6；

（3）外层循环出口时 m=3。

实际编程中要注意内层循环控制变量的赋初值应放在正确位置：通常放在外层循环体内、内层循环之前。如果不是这样会出现意想不到的结果。例如下列程序将 p=1 位置调到外循环结构的前面：

```
m = 1; p = 3;
do {                          //外层循环
  while (p <6){               //内层循环
      printf("m = %d and p = %d\n", m,p);
      p++;
  }
  m++;
}while (m != 3);
```

程序运行将输出结果：

```
m = 1 and p = 3
m = 1 and p = 4
m = 1 and p = 5
```

这是因为当外层循环进入第二轮循环 m=2 时，因 p 的值为 6，不满足内层循环的条件，直接跳过内层循环，执行 m++后，外层循环条件为假，结束外层循环。

例 4-7 打印星星菱形图案。

解题思路:如图 4-7 所示的菱形图案可分为两部分打印:上半部分(前 4 行)和下半部分(后 3 行)。分析上半部分图案:第 1 行有 4～1 个空格,有 1(2×1－1)个“＊”;第 2 行有 4～2 个空格,有 3(2×2－1)个“＊”;依次类推,第 i 行有 4～i 个空格,有 $2\times i-1$ 个“＊”。所以得到打印整个菱形图案的算法思路如下:

(1) 输入 n;

(2) 打印上半部分:i 从 1 到 n,重复做打印第 i 行:

$$\begin{cases}\text{打印 } n-i \text{ 个空格;}\\ \text{打印}(2\times i-1)\text{个“＊”;}\\ \text{打印换行;}\end{cases}$$

(3) 打印下半部分:i 从 $n-1$ 到 1,重复做打印第 i 行。

程序代码:

```
#include <stdio.h>
void main() {
    int i,j,n;
    printf("n = ");
    scanf(" % d",&n);
    // 画出上半部分图案,
    for(i = 1;i< = n;i ++ )
    {  //画第 i 行
       for(j = 1;j< = n - i;j ++ )
          printf("");                          //画 n - i 个空格
       for(j = 1;j< = 2 * i - 1;j ++ )         //画 2 * i - 1 个星号
          printf(" * ");
       printf("\n");                           // 换行
    }
    //画出下半部分图案
    for(i = n - 1;i> = 1;i)
    {
       for(j = 1;j< = n - i;j ++ )
          printf("");                          //画 n - i 个空格
       for(j = 1;j< = 2 * i - 1;j ++ )
          printf(" * ");                       //画 2 * i - 1 个星号
       printf("\n");                           // 换行
    }
}
```

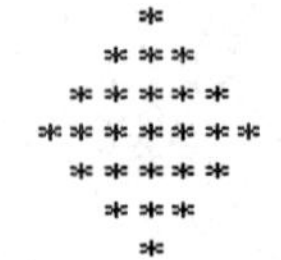

图 4-7　$n=4$ 时的星星菱形图案

4.5　跳转语句：break 语句、continue 语句和 goto 语句

除了选择语句和循环语句外，C 语言还提供了 continue、break 和 goto 语句，用于改变控制流。

4.5.1　continue 语句

continue 语句只能出现在循环体中，其作用是结束本轮循环，接着开始判断决定是否执行下一轮循环。continue 语句的一般语法格式为：

```
continue;
```

continue 语句的作用是终止当前这一轮的循环，跳过本轮循环剩余的语句，直接进入当前循环的下一轮。在 while 或 do-while 循环中，continue 语句会使流程直接跳转至循环条件表达式；在 for 循环中，continue 语句会跳转至表达式 3，计算修改循环变量后再判断循环条件。continue 语句的执行流程如图 4-8 所示。

例 4-8　使用 continue 语句的程序例子。

```
#include <stdio.h>
void main() {
    int count;
    for (count = 1;count< = 10;count ++ ) {
    if (count == 5)
        continue;
        printf("%d  ",count);
    }
    printf("count = %d\n",count);
}
```

程序运行输出结果如下：

```
1  2  3  4  6  7  8  9  10  count = 11
```

程序说明：在 for 循环体中，当 count 为 5 时，执行 continue，将跳过 printf 语句（所以打印结果没有 5），跳到下一轮循环执行 count＋＋，然后执行判断循环条件 count＜＝10。

4.5.2　break 语句

break 语句仅出现在 switch 语句或循环体中，其作用是使程序的流程从一个语句块内部跳转出来，如从 switch 语句的分支中跳出，或从循环体内部跳出，结束当前循环。break 语句的一般语法格式为：

```
break;
```

执行 break 语句就从这个语句块中跳出来，流程进入该语句块后面的语句。break 语句的

执行流程如图 4-9 所示。

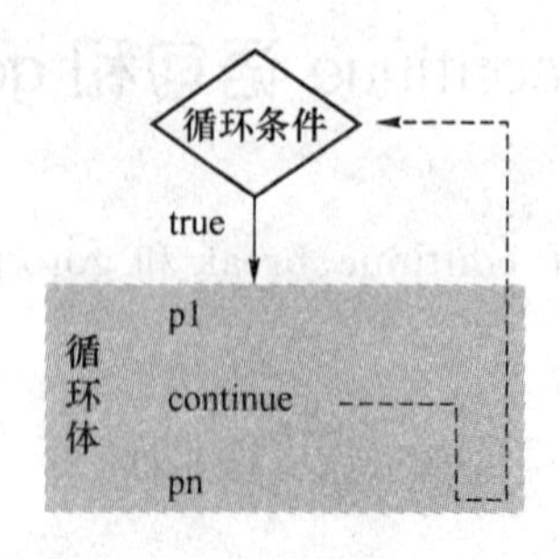

图 4-8 continue 语句的执行流程

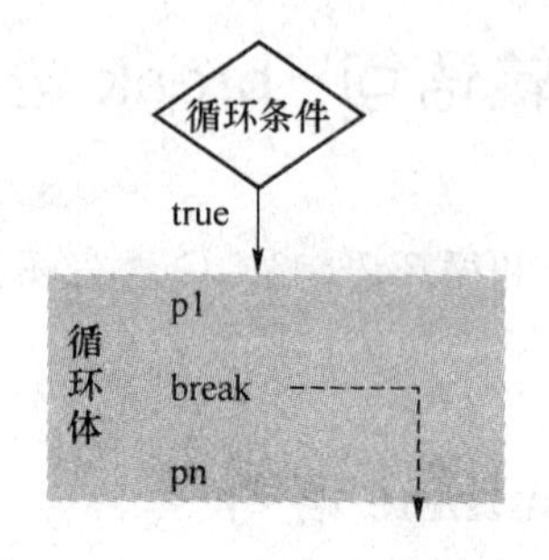

图 4-9 break 语句的执行流程

例 4-9 使用 break 语句的程序例子。

```
#include <stdio.h>
void main() {
    int count;
    for (count = 1;count< = 10;count ++ ) {
        if (count == 5)
            break;
        printf(" %d  ",count);
    }
    printf("count = %d\n",count);
}
```

程序运行输出结果如下:

```
1 2 3 4  count = 5
```

4.5.3 无条件转移 goto 语句

goto 语句也称为无条件转移语句,其一般格式如下:

```
goto 标号;
```

其中:

(1) 标号是语句的标号,是按标识符规定书写的符号;标号放在某一语句行的前面,标号后加冒号":",语句标号起标识语句的作用,与 goto 语句配合使用。

(2) 执行 goto 语句,程序流程将直接跳转到标号所标识的语句处。

例如,下面这段程序完成循环从键盘输入一个数 x,输出 x 及其平方根。但当判断当前输入的是负数时,则执行 goto read,程序流程无条件跳转到 scanf("%lf",&x)语句处,重新输入。

```
void main() {
   double x,y;
read:
   scanf("%lf",&x);
```

```
    if (x<0) goto read;
    y = sqrt(x);
    printf("%f %f",x,y);
    goto read;
}
```

goto 语句的含义是改变程序流向，转去执行语句标号所标识的语句。goto 语句通常与条件语句配合使用，可用来实现条件转移、构成循环、跳出循环体等功能。

在结构化程序设计中，一般不主张使用 goto 语句，以免造成程序流程的混乱，使理解和调试程序都产生困难。

4.6 循环结构程序设计综合举例

下面介绍一些常用算法及实例，以帮助读者掌握循环结构的程序设计技术。

1. 累加或累乘算法

累加（或累乘）算法是计算机经常使用的运算。累加（乘）是指在某个值的基础上重复地加上（乘以）下一个数，直到累加（乘）的结果达到运算最终的目标。通常需要使用一个变量来存放每次累加（乘）的运算结果，称这样的变量为累加（乘）器。对于累加算法，累加器的初值设置为 0；对于累乘算法，累乘器的初值设置为 1，这是累加和累乘的区别。

例 4-10　求阶层 $n! = 1 * 2 * 3 * \cdots * n$。

解题思路：这是累乘问题。令 t 存放累乘的积，i 是控制循环的变量。则求 $n!$ 的过程为：

(1) 初始化：i=1，t=1；

(2) 重复执行：

$$(\text{重复条件 } i \leqslant n)\begin{cases} t = t * i \\ i = i + 1 \end{cases}$$

上述重复累乘过程中，i 从 1 变化到 n，用 for 语句循环比较方便。

程序代码：

```
#include <stdio.h>
void main()
{   int i,n;
    long t = 1;
    printf("Input n = ?");
    scanf("%d",&n);
    for (i = 2;i< = n;i ++)
        t = t * i;
    printf("%d!=  %d\n",n,t);
}
```

程序运行输出结果：

```
Input n = ? 6
    6! = 720
```

例 4-11 求正弦函数 $\sin x$ 的近似解。

求正弦函数公式为：$\sin x=x-\frac{x^3}{3!}+\frac{x^5}{5!}-\frac{x^7}{7!}+\cdots+(-1)^{m-1}\frac{x^{2m-1}}{(2m-1)!}+\cdots,-\infty<x<+\infty$。使用该公式求 $\sin x$ 的近似解，直到累加项的绝对值小于 10^{-6} 为止。这里 x 为弧度。

解题思路：这是累加与累乘组合问题。令 x2＝x * x，$xn=x^{2i-1}$，n＝(2i－1)!，sign＝$(-1)^{i-1}$，累加的当前项 t＝sign * xn/n。要从公式中找出第 i 项的 xn_i、n_i 与第 i＋1 项的 xn_{i+1}、n_{i+1} 之间的关系如下：

$xn_{i+1}=xn_i*x*x$，　　$n_{i+1}=n_i*(i+1)*(i+2)$　　(其中 i＝ 1,3,5…)

得到求 sinx 的算法处理过程如下：

(1) 初始化：i＝1，sign＝1，x2＝x * x，xn＝x，n＝1，t＝sign * xn/n，存放累加和变量 sinx 初值 0，

```
(2) sinx = sinx + t
    sign = sign * ( - 1);
    xn = xn * x2;
    n = n * (i + 1) * (i + 2);
    t = sign * xn/n;
    i = i + 2;
```

重复步骤(2)的条件为：|t|＞＝10^{-6}。用 do-while 实现比较方便，求 t 的绝对值用库函数 fabs(t)，程序需要包含头文件“math. h”。

程序源代码：

```
#include<math.h>
#define PI 3.1415926
void main() {
     double d,x,x2,xn,t,n,sinx = 0.0;
     int sign = 1,i = 1;
     printf("输入 x (单位为度): ");
     scanf(" % lf",&d);
     x = d/180.0 * PI;  //转换成弧度
     x2 = x * x;
     xn = x;
     n = 1;
     t = sign * xn/n;
     do {
          sinx = sinx + t;
          sign  = sign * ( - 1);
          xn = xn * x2;
          n = n * (i + 1) * (i + 2);
          t = sign * xn/n;
          i = i + 2;
     }while (fabs(t)> = 1e - 6 );
printf("sin( % .1f) = % .2f\n",d,sinx);
}
```

程序运行结果：

```
输入 x(单位为度):30
sin(30.0) =0.50
```

如果上题从公式中直接找出第 i 项 t_i 和第 i+1 项 t_{i+1} 之间的关系：

$t_{i+1} = t_i * x * x/((k+1)*(k+2))$，(其中 i=k，k=1，3，5…)

sinx = sin + t

则随着计算过程的不断重复，t 的误差越来越大，sinx 的误差也越来越大，请自行验证这一点。

2. 穷举法

穷举法即通过将可能出现解的范围内的所有数一一进行判断是否符合条件。搜索范围的确定是穷举法的关键，一旦确定了范围，使用常规的循环语句即可解决问题。

例 4-12　求由数字 0、1、2、3、4 组成的所有无重复数字的 3 位正整数。

解题思路：对 3 位数的 3 个位上的数字进行穷举，其中百位数字不能为 0。用三个控制变量 a、b、c 分别表示百位数字、十位数字和个位数字，a 取值从 1 到 4，b 和 c 取值从 0 到 4，且 a≠b≠c。应用三重循环来实现，且使用 for 语句实现比较方便。程序在输出时要求一行输出十个数，用 count 计数器来控制。

程序代码：

```
#include <stdio.h>
void main(){
  int a,b,c,count;
  count = 0;  //控制换行的计数器
  for (a = 1;a<= 4;a ++ )
     for (b = 0;b<= 4;b ++ )
        if (a!= b) {
         for (c = 0;c<= 4;c ++ )
            if (a!= b && b!= c  && a!= c) {
               printf( " %5d",a * 100 + b * 10 + c);
               count = count + 1;
                if (count % 10 == 0 && count!= 0) //每输出十个数换行，但开始不
                                                     换行
                        printf("\n");
            }
        }
  printf("\n");
}
```

程序运行结果如图 4-10 所示。

```
102  103  104  120  123  124  130  132  134  140
142  143  201  203  204  210  213  214  230  231
234  240  241  243  301  302  304  310  312  314
320  321  324  340  341  342  401  402  403  410
412  413  420  421  423  430  431  432
```

图 4-10　例 4-12 程序运行结果

3. 素数

素数即质数,是指除了能被1和自身整除而不能被其他任何数整除的数。根据素数的定义,判断 n 是否是素数时,只要用2到 $n-1$ 去除 n,如果都除不尽则 n 是素数,否则,只要其中有一个数能除尽则 n 不是素数。也可以理解为,在2到 $n-1$ 中寻找 n 的因子 i,若找不到则 n 是素数,否则 n 不是素数,其中 i 取值范围 $[2,n-1]$。仔细推敲可以发现,由于 n 的因子总是成对出现的(即 x 与 n/x 同时是 n 的因子),则可以将 i 的取值范围缩小到在 $[2,n/2]$ 之间;再进一步地可以将 i 的取值范围缩小到 $[2,\sqrt{n}]$,这样就能提高程序的执行效率,因为循环结构中循环次数少了,程序执行时间就较短。

例 4-13 从键盘输入整数 n,判断其是否是素数。

程序代码:

```
#include <math.h>
#include <stdio.h>
void main(){
    int i,n,sqrtn;
    printf("n=?");
    scanf("%d",&n);
    sqrtn=(int)sqrt(n);
    for (i=2;i<=sqrtn;i++)
        if (n%i==0)break;
    if (i<=sqrtn)printf("%d is not a prime.\n",n);      //是素数
    else          printf("%d is  a prime.\n",n);        //不是素数
}
```

程序运行结果:

```
n=? 1237
1237 is a prime.
```

4. 递推法

递推法用于解决问题时,会推算出前一个状态(前一项)和后一个状态(后一项)之间的函数关系。递推法的关键在于找到正确的函数关系,然后使用循环语句来实现。

例如,斐波那契数列:1,1,2,3,5,8,13……该数列的特点是从数列的第3项开始,每一项都等于前两项之和,用公式表示如下。

$$\text{Fib}(n)=\begin{cases}1 & n=1\\1 & n=2\\\text{Fib}(n-2)+\text{Fib}(n-1) & n>2\end{cases}$$

Fibonacci数列可用来解决一个古典的数学问题:兔子繁殖问题。有一对兔子,从出生后第3个月起,每月生殖一对兔子,而兔子在出生后第3个月起也有生殖能力,试问一对兔子一年能生多少对兔子?

上面问题的解决思路:第1个月时有1对兔子,第2个月时还是1对兔子,第3个月时变成了2对兔子:一对是原来最初的一对,另一对是它生下的小兔。第4个月时变成了3对:一对是最初的一对老兔,另一对是它生下来的小兔,第三对是老兔生的幼兔。第5个月时变成了5对,第6个月时变成了8对,按此方法推算,第7个月是13对兔子……第12个月的兔子对数=第10月的兔子对数+第11月的兔子对数。

例 4-14　求斐波那契数列的第 n 项。

解题思路:变量分配:f1 表示 Fin(n−2), f2 表示 Fin(n−1),f3 表示 Fin(n)。求 Fibonacci 数列中第 n 项的流程如图 4-11 所示。

程序代码:

```
#include <stdio.h>
void main(){
    int i,n,f1 = 1,f2 = 1,f3;
    printf("n = ? ");
    scanf(" %d",&n);
    if (n == 1 || n == 2)
       f3 = 1;
    else {
       for (i = 3;i< = n;i ++ ) {
         f3 = f1 + f2;
         f1 = f2;f2 = f3;
       }
    }
    printf("Fibn( %d) = %d\n",n,f3);
}
```

程序运行结果:

```
n = ? 12
Fibn(12) = 144
```

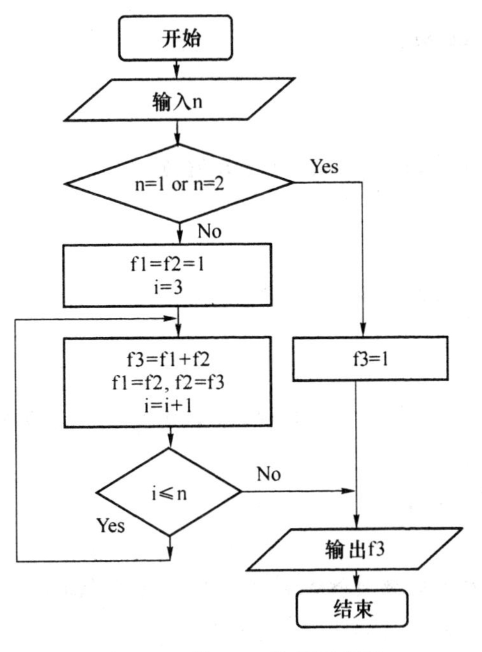

图 4-11　例 4-14 控制流程图

例 4-15 求任意两个整数 m 和 n 的最大公约数和最小公倍数。

解题思路：求两个整数 m 和 n 的最大公约数有两种方法(这里假定 $m \geqslant n$)：

(1) 辗转相除法(欧几里得算法)。递推过程如下：

两个数相除，若余数为0，则除数就是这两个数的最大公约数。若余数不为0，则以除数作为新的被除数，以余数作为新的除数，继续相除，……，直到余数为0，除数即为两数的最大公约数。

(2) 相减法。递推过程如下：

两个数中从大数中减去小数，所得的差若与小数相等，则该数为最大公约数。若不等，对所得的差和小数，继续从大数中减去小数，……，直到两个数相等为止。

若已知整数 m 和 n 的最大公约数是 k，则它们的最小公倍数是 $m \times n/k$。

这里给出用辗转相除法求 x 和 y 的最大公约数的算法过程：

(1) 输入两个正整数 m、n，令 $m >= n$。

(2) 重复执行：$\begin{cases} r = m\%n & m\text{ 除以 } n \text{ 的余数；} \\ m = n \\ n = r \end{cases}$

重复的条件是 $r \neq 0$，当 $r = 0$ 时，此时的除数 n 即为最大公约数。用 do-while 语句实现比较方便。

程序代码：

```
#include <stdio.h>
void main(){
    int m,n,r,t;
    int x,y;
    printf("n  m=");
    scanf("%d%d",&m,&n);
    x=m,y=n;
    if (n>m) {
        t=m; m=n;n=t;  //交换m与n的值
    }
    if (n==0)
        printf("输入的数不能为0.\n");
    else {
        do {
            r=m%n;  //在下一语句中,除数n被放到被除数m中,余数放到n中
            m=n;n=r;
        } while (r!= 0);
        t=x*y/m;
        printf("最大公约数是%d,最小公倍数是%d\n",m,t);
    }
}
```

程序运行输出结果：

```
n m = 35 90
最大公约数是 5，最小公倍数是 630
```

例 4-16　房屋商业贷款计算器的设计。

已知某银行 2011 年房屋商业贷款年利率如下：六个月以内(含 6 个月)6.10%，六个月至一年(含 1 年)6.56%，一至三年(含 3 年)6.65%，三至五年(含 5 年)6.90%，五年以上 7.05%。设个人购房抵押贷款的还款方式是等额本金还款方式：即将本金每月等额偿还，然后根据剩余本金计算利息，所以初期由于本金较多，将支付较多的利息，从而使还款额在初期较多，而在随后的时间每月递减，这种方式的好处是，由于在初期偿还较大款项而减少利息的支出，比较适合还款能力较强的家庭。每月等额本金还款的计算公式为：

第 n 个月还款额＝贷款本金/贷款期月数＋(贷款本金－已归还本金累计额)×月利率

例如：贷款 loan＝50 万，贷 10 年(120 个月)年利率为 7.05%，月利率 rate＝7.05%/12，月还本金 principal＝500000/12 元，则：

贷款第一个月还款：500000/120＋500000 • 7.05% /12＝7104.17 元

最后一个月(第 120 个月)还款：

500000/120＋(500000－500000/120 • 119) • 7.05% /12＝4191.15 元

第 n 个月还款：500000/120＋[500000－500000/120 • (n－1)] • 7.05% /12 元

程序要求用户输入贷款本金(万元)和年限后，计算出第 n 个月还款额、利息合计和还款总额。

解题思路：第 n 个月还款的计算公式：pr(n)＝ principal＋[loan－ principal ＊(n－1)]＊rate

还款总额计算公式：refund＝pr(1)＋pr(2)＋…＋pr(k) ，其中 k＝year＊12

利息合计公式：refund－loan

程序代码：

```
#include<stdio.h>
#include<math.h>
#define R1 6.10
#define R2 6.56
#define R3 6.65
#define R4 6.90
#define R5 7.05
void main(){
    int months,n,i;
    double loan,principal,rate = 0;
    double pr;
    double refund = 0;
    printf("输入贷款数额(万元)：");
    scanf("%lf",&loan);
    printf("输入贷款时间(月数)：");
    scanf("%d",&months);
    printf("第 n 月还贷 n = ? ");
    scanf("%d",&n);
```

```
    if (months>0 &&months<=6)
        rate=(double)R1/12/100;
    else if (months<=12)
        rate=(double)R2/12/100;
    else if (months<=3*12)
        rate=(double)R3/12/100;
    else if (months<=5*12)
        rate=(double)R4/12/100;
    else
        rate=(double)R5/12/100;
    principal=loan*10000/months;  //每月还款本金数
    pr=principal+(loan*10000- principal *(n-1))*rate; //第n个月还款额
    for (i=1;i<=months;i++) {
        refund+=principal+(loan*10000- principal *(i-1))*rate;
    }
    printf("第 %d 月还款数额(元):%.2f\n",n,pr);
    printf("利息合计(元):%.2f  还款总额(元):%.2f\n",refund-loan*10000,
    refund);
}
```

程序运行结果如图 4-12 所示。

```
输入贷款数额(万元): 50
输入贷款时间(月数): 120
第n月还贷 n=? 10
第 10 月还款数额(元):6883.85
利息合计(元):177718.75  还款总额(元):677718.75
```

图 4-12　例 4-16 程序运行结果

4.7 本章小结

三种循环语句:while、do-while 和 for 都可以用来表达循环结构,在一般情况下,它们可以互换使用。

while 和 do-while 语句用于表达的循环结构:判断条件成立时重复执行循环体。

for 语句常用于表达的循环结构:重复执行循环体 n 次。

循环结构包含三要素:循环的初始化、循环的条件和循环体。要注意循环体中必须有改变循环条件的语句,要避免死循环的出现。

在循环程序设计时,要能分析出在问题的处理过程中,哪些步骤是重复进行的,正确地使用循环结构实现它们。

break 语句使程序的流程从一个语句块内部跳转出来,如从 switch 语句的分支中跳出,或从循环体内部跳出,结束当前循环。

continue 语句使用在循环体中，用于结束本轮循环。

习　题

4.1　do-while 和 while 循环语句的区别有哪些？

4.2　在一个循环中使用 break 与 continue 语句有什么不同的效果？

4.3　选择题

(1) 以下程序段的描述，正确的是(　　)。

```
x = -1;
do
{x = x * x;} while(! x);
```

A) 是死循环　　B) 循环执行两次

C) 循环执行一次　　D) 有语法错误

(2) 以下程序的运行结果是(　　)。

```
#include <stdio.h>
main()
{ int y = 9;
  for( ;y>0; -- y)
  if(y % 3 == 0) printf("%d", -- y);
}
```

A) 732　　B) 433　　C) 852　　D) 874

(3) 设有以下程序段：

```
#include <stdio.h>
main()
{ int x = 0,s = 0;
  while (! x != 0)   s += ++x;
  printf("%d",s);
}
```

则下面正确的是(　　)。

A) 运行程序段后输出 0　　B) 运行程序段后输出 1

C) 程序段中的控制表达式是非法的　　D) 程序段执行无限次

(4) 若运行以下程序时，从键盘输入 ADescriptor<回车>，则下面程序的运行结果是(　　)。

```
#include <stdio.h>
main()
{ char c;
  int v0 = 1,v1 = 0,v2 = 0;
  do{
  switch (c = getchar())   {
   case 'a':case 'A':
```

```
    case 'e':case 'E':
    case 'i':case 'I':
    case 'o':case 'O':
    case 'u':case 'U':v1 += 1;
    default: v0 += 1;v2 += 1;
   }
  } while (c!= '\n');
  printf("v0 = %d,v1 = %d,v2 = %d\n",v0,v1,v2);
}
```

A) v0=11,v1=4,v2=11　　B) v0=8,v1=4,v2=8

C) v0=7,v1=4,v2=7　　D) v0=13,v1=4,v2=12

(5) 在下述程序中,判断 i>j 共执行的次数是(　　)。

```
#include <stdio.h>
main()
{  int i = 0, j = 10, k = 2, s = 0;
   for (; ;)
   { i += k;
     printf("1\n");
     if (i>j)
     { printf("%d,",s);  break;  }
   s += i;
  }
}
```

A) 4　　B) 7　　C) 5　　D) 6

4.4　填空题

(1) 以下程序的输出结果是___(a)___

```
main()
{ int n = 12345,d;
  while(n!= 0){ d = n%10; printf("%d",d); n/ = 10;}
}
```

(2) 有以下程序,若运行时从键盘输入:18,11<回车>,则程序输出结果是___(b)___。

```
main()
{  int a,b;
   printf("Enter a,b:");scanf("%d,%d",&a,&b);
   while(a!= b)
   {   while(a>b) a- =b;
       while(b>a) b- =a;
   }
   printf("%3d%3d\n",a,b);
}
```

(3) 有以下程序段,且变量已正确定义和赋值:

```
for(s = 1.0,k = 1;k< = n;k ++ ) s = s + 1.0/(k * (k + 1));
printf("s = % f\n\n",s);
```

请填空,使下面程序段的功能为完全相同

```
s = 1.0;k = 1;
while( __(c)__ ){ s = s + 1.0/(k * (k + 1)); __(d)__ ;}
printf("s = % f\n\n",s);
```

(4) 以下程序的输出结果是__(e)__

```
# include <stdio.h>
int main() {
   int i,j,m = 1;
   for (i = 1;i<5;i ++ )
   {   if (i == 3)
            continue;
       printf(" % d ",i);
   }
}
```

(5) 以下程序的输出结果是__(f)__

```
# include <stdio.h>
main() {
int a = 1,b = 2;
for (;a<8;a ++ ) {b += a; a += 2;}
printf(" % d, % d\n",a,b);
}
```

(6) 以下程序运行后,当输入 14 63 <回车> 时,输出结果是__(g)__。

```
# include <stdio.h>
main() {
int m,n;
scanf(" % d % d",&m,&n);
while (m!= n)
{while (m>n)m = m - n;
while (m<n) n = n - m;
}
printf(" % d\n",m);
```

(7) 程序运行时输入 37 ,输出为__(h)__。

```
# include <stdio.h>
void main()
{
      long a,b,r;
      scanf(" % ld",&a);
      b = 0;
```

```
        do{
            r = a % 10;
            a = a/10;
            b = b * 10 + r;
        }while(a);
    printf("%ld",b);
    }
```

4.5 编写程序,从键盘读入一组整数,统计正整数个数和负整数个数,读入数据0时则结束。

4.6 编写程序,打印字符'0'到'9'、'a'到'z'、'A'到'Z'的ASCII码值。

4.7 编写程序,打印出100到1000中所有的"水仙花数"。所谓"水仙花数"是指一个三位数,其各位数字的立方和等于该数本身。例如:153是一个"水仙花数",因为$153=1^3+5^3+3^3$。

4.8 编写程序,从键盘输入一个数,判断是否是回文数。回文数是指各位数字左右对称的整数。例如:11、121、8912198。

4.9 编写程序,解决"猴子吃桃子问题":猴子每天吃掉前一天的一半多一个,第10天只剩下了1个桃子,问第一天共有多少个桃子?

4.10 编写程序,求大于N的第一个素数。

4.11 编写程序,打印以下图案,要求最后一行的数字N可从键盘输入,下面的图案是$N=4$的图案输出情形。

```
0
11
222
3333
44444
```

4.12 编写程序,求$\sum_{n=1}^{15} n!$(即求$1!+2!+3!+4!+5!+\cdots+15!$)。

4.13 编写程序,用牛顿迭代法求方程$f(x)=xe^x-1=0$的近似根。迭代过程到$|x_{k+1}-x_k|<10^{-5}$为止。

牛顿迭代法的迭代公式是$x_{k+1}=x_k-\frac{f(x_k)}{f'(x_k)}$,其中$k=0,1,2,\cdots$,$f'(x_k)$是对$f(x_k)$求导的结果。本题中$f'(x_k)=e^{x_k}(x_k+1)$。

4.14 编写程序完成数制转换:输入一个8位二进制数,将其转换为十进制数输出。

4.15 甲乙两个篮球队进行比赛,每队各出3人。甲队3人编号为A,B,C,乙队3人编号为X,Y,Z。经过抽签决定比赛名单,并且规定A不能与Z比,C不能与X比,B不能与Y比。请编程找出比赛选手的组队名单。

第5章 函　　数

一个较为复杂的问题在求解时,通常会被分解成若干个子问题,如果子问题仍然足够复杂,又被划分成若干个子子问题,就这样分解下去,直到最后每一个子问题足够简单,可用一个函数来实现。在面向过程的结构化的程序设计中,函数是模块化程序结构的基本单元。

一个函数(在其他语言中也称为过程)往往完成一个具体的、独立的功能。函数是处理问题过程的一种抽象,函数编写好后,可以被重复地使用。使用者使用时只需关心函数的功能和如何调用函数,而不必关心函数功能的具体实现,这样可有利于代码的重用,以提高程序的开发效率。

本章将主要介绍函数的定义和调用,函数参数的传递方式,介绍与函数相关的指针的应用,包括函数的地址参数、返回指针类型的函数、指向函数的指针,给出了利用函数进行模块化程序设计的大量实例;最后讨论变量的作用域、C语言程序的多文件结构和编译预处理常用命令。

5.1 函数的定义与调用

5.1.1 函数的定义

函数定义的语法格式为:

```
返回类型  函数名([形式参数表])                //函数头
  {
  语句序列                                     //函数体
  }
```

其中:

1. 函数名

函数名是任何合法的C语言标识符。

2. 返回类型

返回类型规定了函数返回给调用者的结果值类型。关于返回类型,有几点要说明:

(1) 如果函数的返回类型不是void类型,则这个函数的函数体中要包含一个return语句,且return之后必须带返回值。例如:求阶乘n! 的功能被定义为一函数factor,得到如下代码:

```
long factor(int n)
{ long s = 1;
  for (i = 1;i< = n;i ++ )
```

```
        s = s * i;
    return s;
  }
```

该函数的形式参数（输入参数）是n,函数的返回值类型为long,对应地,函数体中应有语句“return s;”是将求得的n! 的结果值返回。

（2）如果返回类型不写,则默认的返回类型为int。例如：

```
main( ) {… return 0; }
```

该函数的返回类型是int。函数体中应有返回表达式。

（3）如果返回类型为void,则表示函数调用后无返回值,此时在函数体中可不必写return语句,函数调用执行到函数体的最后一个右括号“}”,将自动返回到调用者。如果写return语句,在return之后必须不带返回值。例如：

```
void printHello()   {
  printf("Hello,every one ! \n");
  return;              //此 return 语句可缺省
}
```

该函数的功能是显示一行字符串,并不需要返回值,所以定义函数的返回类型为void。

3. return语句的一般格式

```
return 表达式;
```

return语句用来使程序流程从函数调用中返回,表达式的值就是函数调用的返回值。如果函数没有返回值(当函数返回类型为void时),则return语句中的表达式省略。

4. 形式参数表

形式参数表的内容如下：

```
类型1   形参1,类型2   形参2,...,类型n   形参n
```

指明该函数所需要的若干参数和这些参数的类型。各参数之间用逗号分开。例如:求任意两个单精度浮点数的较大者的函数定义如下：

```
float   max(float x1,float x2) {
    return x1>x2? x1:x2;}
```

该函数有2个形参x1、x2,每个形参之前必须单独用类型float修饰,不可写成“float x1,x2”。

一个函数的形式参数表可为空(也可用void表示),表示该函数无参数。例如：

```
f() {…}
```

等价于：

```
f(void) {…}
```

都表示没有形式参数的函数声明。

5. 函数头与函数体

函数声明的第一行是函数头(函数原型),一对花括号中的语句序列构成了函数体。函数头定义了函数的功能是什么,怎样调用它。函数体定义功能的具体实现过程代码,对调用者而言,只需要关心函数头,而无须关心函数体。

5.1.2 函数的调用

函数定义好后,就可以被其他函数调用,调用该函数的其他函数称为调用者,被调用的该函数称为被调用者。

1. 函数调用的一般格式

函数名(实参表)

其中实参表是用逗号分开的实参。要求实参表与函数定义中形参表的形参类型和形参个数一一匹配。

例如,上述函数 long factor(int n)的调用正确形式为:

```
int y = factor (10);          //求阶乘 10!
y = factor (5.0);             //函数调用不正确,因为实参 5.0 不是整型
```

例如,上述函数 float max(float x1,float x2)调用形式为:

```
float x = 10.0f; y = 89.7f,  z = -78.7f;
m = max(x,y);                 //函数调用正确
m = max(x,y,z);               //函数调用不正确,因为实参的个数比形参多一个
m = max(max(x,y),z);          //函数调用正确
m = max(2,3);                 //函数调用正确,因为两个 int 型实参可隐含提升为 float,
                                与形参类型兼容
m = max(2.0,3);               //函数调用正确,尽管实参 2.0 是 double 型,与形参
                                float 类型不兼容,但编译时会做类型转换。
m = max(2.0f,3);              //函数调用正确
```

如果函数的调用无返回值(当函数返回类型为 void 时),函数调用可作为一条语句单独出现在程序中。例如,上述函数 void printHello()的调用形式:

```
printHello();
```

是作为一条语句独立出现的。

当函数的返回类型为非 void 时,函数调用应出现在表达式中,这时函数调用的返回值是作为表达式的一个运算分量。如 m=max(1,3)+5,其中 max(1,3)的返回值 3 参与表达式的运算,即 3+5 赋给 m。

2. 书写函数时要注意两点

(1) 程序中如果定义了多个函数,这些函数定义在书写上应该是并列的关系,而不是嵌套的关系。例如,一个源程序由三个函数组成,正确的并行形式为:

```
void f1(float x) {…}
void f2(int x) {…}
int main() {… }
```

而书写形式:

```
int main() {  float f1() {…} … }
```

是不正确的函数定义嵌套形式。

(2) 遵循"函数定义在前、调用在后"原则。如果要"函数调用在前、定义在后",则在函数调用之前必须书写函数原型。函数原型由函数的头后加上分号";"组成,在函数原型中形参的名字可以不写。

例如,函数定义在前,函数调用在后的情形:

```
void f1(float x) {…}
void f2(int x) {…}
```

```
int main() {
  f1(2.0); f2(10);
}
```

例如,函数定义在后,函数调用在前的情形:

```
void f1(float);                    //函数原型,省略了形参名
void f2(int x);                    //函数原型
int main() {
  f1(2.0); f2(10);                 //函数调用
}
void f1(float x) {…}               //函数定义
void f2(int x) {…}                 //函数定义
```

3. 函数调用的执行过程

程序从外存装入内存后,总是从 main 函数的入口处开始执行,执行过程如图 5-1 所示。

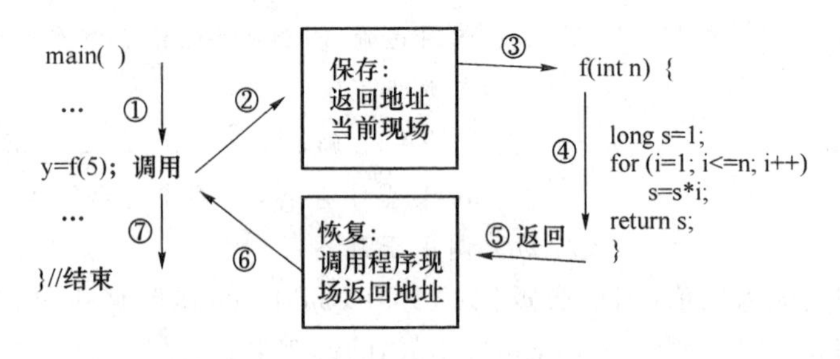

图 5-1　函数调用与返回的过程

(1) 从 main 函数的第一条可执行语句开始往下逐条执行每一条语句,遇到子函数调用语句 y=f(5)时,则暂停当前主函数的执行;

(2) 在程序控制转去执行子函数 f 之前,先保护主函数的下一条指令的地址(称为返回地址)和主函数的 CPU(中央处理器)执行现场(当前现场);

(3) 然后转到子函数 f 的入口地址,先将实参值 5 传递给形参 n;

(4) 执行子函数 f,即逐条执行 f 的每一条语句;

(5) 执行到返回语句 return s 时,要求返回主函数;

(6) 恢复先前(2)保存的 main 函数的 CPU 现场和返回地址;

(7) 从返回地址处继续执行主函数(即取 f(5)的返回值赋给 y),执行直到程序的结束。

例 5-1　编写求 x^n 的函数。

解题思路:将求 x^n 的函数定义为函数:double power(double x,int n)。程序代码如下:

```
#include <stdio.h>
double power(double x,int n) {
  int i;
  double xn = 1;
  for (i = 1;i< = n;i ++ )
    xn * = x;
  return xn;
}
```

```
void main(){
  int n;
  double x;
  printf("x,n = ?");
  scanf(" %lf, %d",&x,&n);
  printf(" %.4f\n",power(x,n));
}
```

程序运行结果：

```
x,n=? 12.5,2
156.2500
```

例 5-2 输出 10 000 之内的所有完全数。

解题思路：完全数是指等于其所有因子和(包括 1 但不包括这个数本身)的数。例如 6＝1×2×3，6＝1＋2＋3，则 6 是一个完全数。

定义两个函数：

(1) int isPerfect(int x)，用于判断 x 是否为完全数；

(2) void displayPerfect(int x)，用于输出 x 的因子之和的公式。

在 main()函数中使用一个 for 循环，检查 1 到 10 000 之间的所有整数是否为完全数。

程序代码：

```
#include <stdio.h>
int isPerfect(int x);          //函数原型,判断 x 是否为完全数
void displayPerfect(int x);    //函数原型,输出 x 的因子之和的公式
void main(){
  int x;
  for(x = 1;x<10000;x++)
    if(isPerfect(x))
      displayPerfect( x) ;
}
int isPerfect(int x)           //判断 x 是否为完全数
{  int y = 0,i;                // 声明变量 y 存放因子之和
   for(i = 1;i<x;i++)
    if(x % i == 0)             //i 是 x 的因子时,累加 i 到变量 y 中
       y += i;
    if(y == x)
       return 1;
    else
       return 0;
}
void displayPerfect(int x)     //输出 x 的因子之和的公式
{  int i;
    printf(" %d = ",x);
```

```
    for(i = 1;i<x;i ++ )
        if(x % i == 0) {
          if (i!= 1) printf(" + ");
            printf(" % d",i);
    }
    printf("\n");
}
```

程序运行输出结果如图 5-2 所示。

```
6 = 1+2+3
28 = 1+2+4+7+14
496 = 1+2+4+8+16+31+62+124+248
8128 = 1+2+4+8+16+32+64+127+254+508+1016+2032+4064
```

图 5-2　例 5-2 程序运行输出结果

5.2　函数的参数传递

参数传递方式讨论的是:函数的调用者如何将实际参数值传递给被调用者。C 语言的参数传递方式有两种:按值传递和按地址传递。C++语言则增加了按引用传递方式,这里一起讨论它们。

5.2.1　按值传递

按值传递:当函数定义的形参为非指针类型时,则此形参是值参数。函数调用时,是将实参的值传递给对应的形参。这种传递是单个传递方向,如图 5-3 所示,不会因为被调用函数中对形参值的改变而影响到实参的值。

例 5-3　按值传递的例子。

```
#include <stdio.h>
void swap( int x,int y)
{int hold;
 hold = x; x = y; y = hold;          // swap 函数体中形参 x 与 y 的值交换
 printf("x = % d,y = % d\n",x,y);
}
void main(){
  int a = 1,b = 2;
  swap (a,b);                        //函数调用执行后,a 的值仍为 1,b 的值为 2
  printf("a = % d,b = % d\n",a,b);
}
```

程序运行输出结果:

```
x = 2,y = 1
a = 1,b = 2
```

程序分析：由于 swap(int x,int y)函数定义的两个形参 x、y 是值形参，main()中调用 swap(a,b)时，将实参 a 的值 1 传递给形参 x，b 的值 2 传递给形参 y，是单个传递方向，如图 5-3 所示。所以虽然在 swap 函数体中形参 x 与 y 的值得到了交换，但返回到 main 函数时，并没有影响 a、b 的值，所以 a、b 值没有得到交换。

图 5-3　swap(int x,int y)按值传递　　　　5-4　swap(int * x,int * y)按地址传递

5.2.2　按地址传递

按地址传递：当函数定义的形参为指针类型时，则是地址参数。函数调用 swap（&a，&b）时，是将实参的地址传递给对应的形参，这种传递如图 5-4 所示，即调用子函数入口处将实际参数的地址传给形参指针，而在被调用子函数体内，则通过取内容运算符 * x 和 * y，访问形参指向的实参变量，从而改变实参变量的值。

例 5-4　利用地址参数将两变量的值进行交换。

解题思路：(1) 定义带有两个地址参数的函数：

void swap(int * x,int * y)，并在函数体中利用指针的取内容运算：* x 和 * y，分别给两个形参指向的对象(即两实参 a 和 b)赋给新值，从而改变两个实参变量 a 和 b 的值。

(2) 调用语句 swap(&a, &b) 中要注意：对应地址形参的实际参数一定要是变量地址。

程序代码如下：

```
#include <stdio.h>
void swap( int * x,int * y)
{int hold;
 hold = * x;          //取 x 指向的对象 a 的值，暂存到 hold
  * x = * y;          //取 y 指向的对象 b 的值，赋给 x 指向的对象 a
  * y = hold;         //取 hold 的值，赋给 y 指向的对象 b
 printf("x = %d,y = %d\n", * x, * y);
}
void main(){
  int a = 1,b = 2;
  swap (&a,&b);   //实参必须是取变量的地址 &a,&b
  printf("a = %d,b = %d\n",a,b);
}
```

程序运行结果：

```
x=2,y=1
a=2,b=1
```

例 5-5 定义一个函数求一元二次方程的实根。

解题思路:定义一个函数:

int computRoots(double a,double b,double c,double *x1,double *x2)

用于求实根,其中参数 a,b,c 是值参;x1,x2 是地址参数,用以返回两个实根。函数的返回值是 int 类型,用于标志一元二次方程是否有实根:当返回结果为 0 时,表示无实根;当返回结果为 1 时有相同的两个实根,当返回结果为 2 时有不同的两个实根。程序代码如下:

```
#include<stdio.h>
#include<math.h>
int computRoots(double ,double ,double ,double * ,double * );  //函数原型
int main()
{
  double a,b,c;
  double x1,x2;
  int flag;
  printf("Input a,b,c?   ");
  scanf("%lf,%lf,%lf",&a,&b,&c);
  flag=computRoots(a,b,c,&x1,&x2);
  if (flag==0 || flag==2))
      printf("此方程没有实根,或此方程不是一元二次方程.\n");
  else
      printf("此方程实根为: x1 = %8.4f, x2 = %8.4f\n",x1,x2);
}
int computRoots(double a,double b,double c,double *x1,double *x2) {
      int result;
      double t;
      if (fabs(a)<1e-6)            //判断 a==0
          result=0;                //此方程不是一元二次方程
      else  {
          t=b*b-4*a*c;
          if (fabs(t)<1e-6)   {//当 t==0 有两个相等的实根
             *x1 = *x2 = -b/(2*a);
            result=1;
          }
          else if (t>1e-6 )    {//当 t>0 有两个不同的实根
```

```
            * x1 = ( - b + sqrt(t))/(2.0 * a);
            * x2 = ( - b - sqrt(t))/(2.0 * a);
            result = 2;
        }
        else                            //无实根
            result = 0;
    }
    return result;
}
```

程序运行结果：

```
Input a,b,c?   1, - 4,3
此方程实根为：x1 =   3.0000, x2 =   1.00000
```

5.2.3 按引用传递

1. 引用型变量的概念

引用型变量是另一个变量的别名。引用型变量的声明语句格式为：

```
类型 & 变量名
```

当声明一个引用型变量时，需要用一个已存在的变量对它进行初始化。例如：

```
int n;
int &m = n;
```

声明了引用变量 m，m 是变量 n(被引用变量)的别名，即对变量 m 的访问相当于对变量 n 的访问。引用运算符“&”用来说明一个引用。

我们知道声明变量时要分配存储空间，但声明引用变量时并不分配存储空间，引用变量使用的是被引用变量的存储空间。上例中的变量 m 和 n 使用同一存储空间。例如：

```
char s1 = '0'
char &s2 = s1;
s2 = s2 + 2;      //相当于 s1 = s1 + 2;
```

语句执行后，s1 变量的值为‘3’。

2. 函数的引用形参

当函数的参数为引用类型时，则对形参的任何访问等同于对实参的访问，这种传递参数的方式称为按引用传递。

按引用传递是 C++ 语言增加的函数参数类型，要在 Visual Studio 环境下使用引用形参，源文件的后缀名一定要为. cpp，而不能为. c。

例 5-6　利用引用参数将两变量的值进行交换。

解题思路：定义带有两个引用参数的函数：

void swap(int &x,int &y)

其功能是实现两个变量值的交换。

调用语句 swap(a,b)时，要注意对应引用形参的实际参数是一般的变量。

```
//ch5_6.cpp 注意程序的后缀名必须是.cpp,如果是.c 则编译出错。
#include <stdio.h>
void swap( int &x,int &y)
{int hold;
  hold = x; x = y; y = hold;
}
void main(){
  int a = 1,b = 2;
  printf("a = %d,b = %d\n",a,b);
  swap (a,b);
  printf("a = %d,b = %d\n",a,b);
}
```

程序运行结果：

```
a = 1,b = 2;
a = 2,b = 1
```

通过上面的几个例子可知：我们来比较函数参数传递的三种方式。值参数只能给函数的形参传送值，但不能用来改变实际参数变量的值；地址参数和引用参数可以改变实际参数变量的值；而函数的引用参数比函数的地址参数在函数体中的操作语句来得简单。但是要记住引用变量只有C++才允许使用，源文件的类型名必须为.cpp。

5.3 函数嵌套与递归

嵌套是指在一个函数定义的函数体中直接调用了另外一个函数。图5-5是函数嵌套调用的例子，在函数fun1的定义中调用了函数fun2，而函数fun2的定义中调用了fun3。这是函数两级嵌套调用的情形。

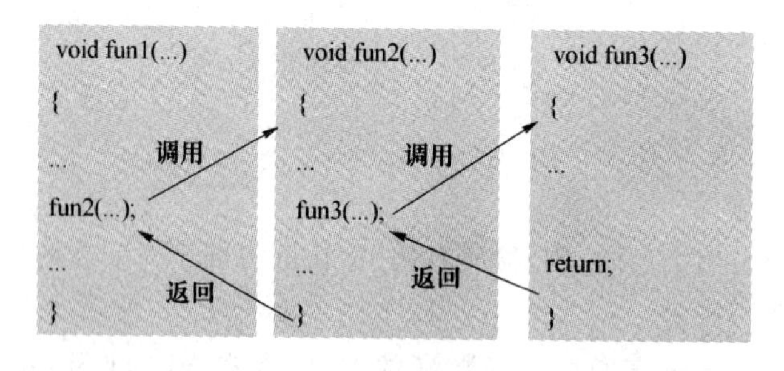

图5-5　函数嵌套调用

而递归是指在一个函数定义的函数体中直接或间接地调用了自身函数。图5-6所示是函数直接递归调用的例子，即在函数fun1定义中由包含了调用自身fun1的语句。图5-7函数间接递归调用的例子，即在函数fun1的定义中调用了函数fun2，而函数fun2的定义中反过来调用的fun1。

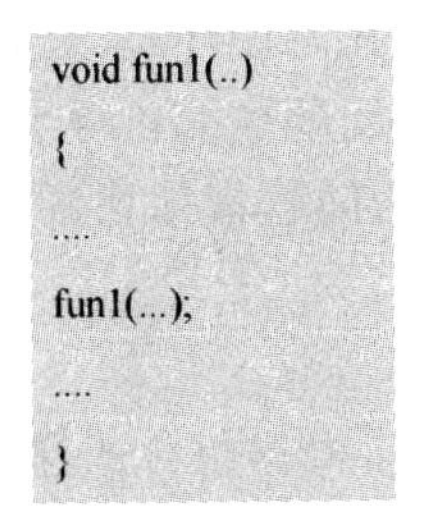

图 5-6　函数直接递归调用自身

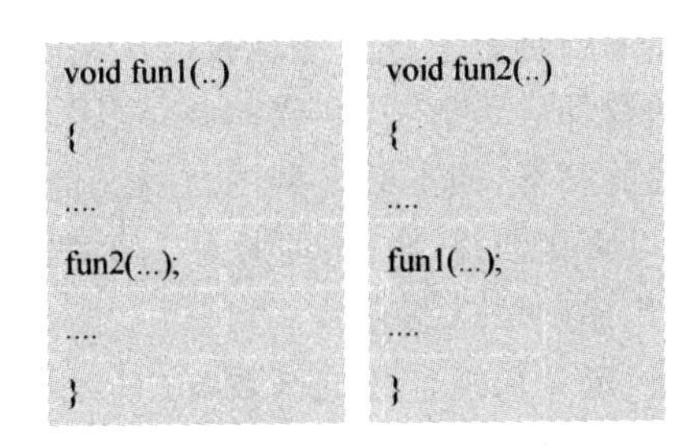

图 5-7　函数间接递归调用自身

递归技术体现了在解决实际问题时采用的“依此类推”“用同样的步骤重复”的基本思想，通过递归使我们能用简单的程序来解决某些复杂的计算问题，但是运算量较大。下面给出几个递归定义的例子：

（1）求非负整数 n 的阶乘。

$$n!=\begin{cases}1 & n=1\\ n\cdot(n-1)! & n>1\end{cases}$$

（2）求非负整数 m、n 的最大公约数 Gcd。

$$\mathrm{Gcd}(m,n)=\begin{cases}m & n=0\\ \mathrm{Gcd}(n,m \bmod n) & n\neq 0\end{cases}$$

（3）求组合数 C_m^n。

$$C_m^n=\begin{cases}1 & n=0\text{ 或 }n=m\\ m & n=1\\ C_{m-1}^n+C_{m-1}^{n-1} & n>1\end{cases}$$

例 5-7　用递归法求阶乘 n!。

求阶乘 n! 的递归函数的定义如下：

```
long Factorial(int n){                    //函数声明
    if(n == 1)
        return 1;                         //递归终结点
    else
        return n * Factorial (n - 1);     //递归调用自身
}
```

下面我们来分析以下调用语句 y=Factorial(5);的执行过程，如图 5-8 所示。

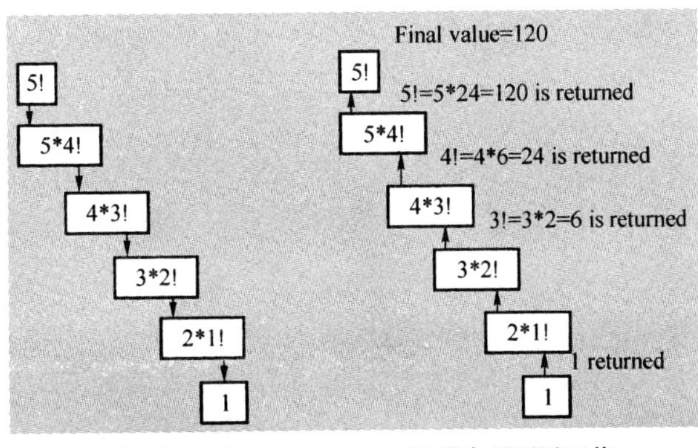

(a) 递归调用次序　　(b) 递归调用返回值

图 5-8　递归计算 5! 的过程

如果一个递归函数只是一味地自己调用自己，则将构成无限循环，永远无法返回。所以任何一个递归函数都必须有一个“递归终结点”，即当同性质的问题被简化得足够简单时，将可以直接获得问题的答案，而不必再调用自身。例如，当求 n！的问题被简化成求 1！的阶乘的问题时，我们可以直接获得 1！的答案为 1，这就是递归终结点。

例 5-8 用递归法求组合数 C_m^n。

解题思路：定义求组合数的函数 int Comb(int m,int n)，根据组合的递归定义，可以仿照上题，将上述定义改写成如下形式：

$$\text{Comb}(m,n)=\begin{cases}1 & m=n, n=0\\ m & n=1\\ \text{Comb}(m-1,n)+\text{Comb}(m-1,n-1) & n>1\end{cases}$$

程序代码：

```
#include <stdio.h>
void main(){
    int Comb(int m ,int n ); //函数原型
    int m,n;
    printf("m = ");
    scanf(" %d",&m);
    printf("n = ");
    scanf(" %d",&n);
    printf("Comb( %d, %d) = %d\n" ,m,n,Comb(m, n)); //调用递归函数
}
int Comb(int m ,int n ) {
    if ( n == 0 || m == n )
        return 1;                                   //结束递归的条件
    else if  (n == 1)
        return m ;                                  //结束递归的条件
    else if ( n > 1)
        return Comb(m - 1, n - 1) + Comb(m - 1, n); //递归调用 Comb 函数自身
    else  {
        printf("n 不能为负\n");
        return -1;
    }
}
```

程序运行结果如下：

```
m = 4
n = 2
Comb(4,2) = 6
```

从上述两个例子可以看出，递归过程与实际问题的自然表达形式比较接近，具有容易理解、编写容易、程序清晰易读等优点，所以是一种十分有用的程序设计技术。而且，由于很多的数学模型和算法设计方法本来就是递归的，因此掌握递归程序设计方法是非常必要的。

5.4 返回指针类型的函数

当函数返回值为指针类型时，也就是在函数调用后返回指向数据的指针或地址。

定义返回指针类型的函数的一般形式为：

```
类型名 * 函数名(参数表列) { ... }
```

例 5-9 返回指针类型的函数应用实例。

要求定义一个函数 int * pf(int x ,int y ,int * z)：将 x、y 相加结果的数据地址放入 z 变量中，同时也作为函数的返回结果。

```c
#include <stdio.h>
int * pf(int x ,int y ,int * z) {
    int * p;
    p = z;
    * p = x + y;          //将 x、y 相加的结果的地址放入 z 指针指向的对象变量 c 中
    return p;             //返回相加的结果数据的地址
}
void main(){
    int a = 10,b = 20,c;
    int * p;
    p = pf(a,b,&c);       //通过函数调用,p 指向变量 c,所以下面输出数据 c 与 * p 相同
    printf("c = %d, * p = %d\n" ,c, * p);
}
```

程序运行结果如下：

```
c = 30, * p = 30
```

5.5 指向函数的指针

到目前为止，我们讨论的指针变量，都是指向数据的指针，例如：

```c
int * pi; double * pd;      //指针指向的对象是数据
```

程序装入内存运行时，要给程序中声明的各种变量分配存储空间，同样对程序中定义的每一函数也要分配一段存储空间，用以存放函数的代码。每一个函数都有函数名，函数名可以表示函数代码在内存中的起始地址。

函数指针就是专门用来存放函数代码首地址的变量，也称为函数的指针。

1. 声明一个函数指针的一般语法格式为：

```
返回类型 ( * 函数指针名)(形参表)
```

其中：

(1) 返回类型：说明函数指针指向的函数的返回类型是什么；

(2)(形参表):说明函数指针指向的函数的形参表的类型和个数;

(3)(＊函数指针名):圆括号中表示的是函数指针名。

例如:int (＊p)(int,int);

定义p是指向函数的指针变量,它可以指向类型为int且有两个int参数的函数。p的类型用int (＊)(int,int)表示。

2. 声明了函数指针之后,也要对函数指针赋值,其一般语法格式为:

```
函数指针名=函数名;
```

赋值号右边的函数名必须是一个已经声明的函数名,且与函数指针的类型相同(即具有相同的返回类型和形参表)。例如:

```
int add(int x,int y) {return x + y;}
int (*p)(int,int);
p = add;
```

3. 函数指针名在赋值之后,就可以通过函数指针名调用指向的函数。其调用的语法格式为:

```
函数指针名(实参表)
```

或

```
(*函数指针名)(实参表)
```

例如:通过上面定义的指针变量p,调用函数add的形式:

```
p(2,3)
```

或

```
(*p)(2,3)
```

它们等同于add(2,3)。

例5-10 通过函数指针实现加减计算器。

```
#include <stdio.h>
int sub(int x ,int y ) ;
int add(int x,int y);
void main(){
    int a = 10,b = 20,c;int menu;
    int (*p)(int ,int);
    printf("1 -- add\n2 - sub\nYour selection:");
    scanf(" %d",&menu);
    if (menu == 1) p = add;
    else p = sub;
    c = p(a,b);            //或者 c = (*p)(a,b)
    printf("c = %d  ,(*p)(a,b) =  %d\n" ,c,(*p)(a,b));
}
int sub(int x ,int y ) {
    return x - y;
}
```

```
int add(int x,int y){
    return x + y;
}
```

程序运行结果如图5-9所示。

```
1--add
2---sub
Your selection:1
c=30    ,(*p)(a,b)= 30
```

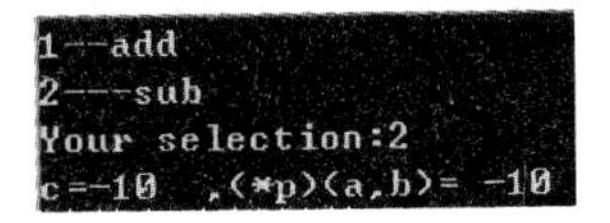

图5-9　例5-10程序运行输出结果

通过上面的介绍，我们知道函数指针的作用是可以动态地调用函数，操作系统中往往利用函数指针动态地调用不同设备的一组驱动程序。

5.6　变量的作用域与可见性

变量的作用域讨论的是变量的有效访问范围(即可访问该变量的一段代码)。可见性是讨论该变量是否能被访问。变量只有在其作用域内才能可见。例如，我们在某个函数中声明的变量就只能在这个函数中使用，这就是受变量的作用域与可见性的限制。作用域与可见性既相互联系又相互区别。

5.6.1　变量的作用域

定义一个变量的同时也就指明了变量的作用域。在C语言中变量的定义分三种情形：在函数原型声明的形参、在函数体中声明或在块内声明的变量、在函数外声明的变量。相应地，变量的作用域的基本规则也有如下三种。

(1) 块作用域或函数作用域

在函数体中或函数中的某代码块中声明的变量，被称为局部变量。局部变量的作用域为它所在的代码块(整个函数或函数中的某块代码)。

例如，下面一段代码：

```
void f1(int a){
    int x, c;
    ...
    { int b;
      b = a + c;        b有效(块作用域)        a,x,c有效(函数作用域)
      ...
    }
    x = b + c;      //错误！b变量未声明
}
```

```
void f2(int a){                                    ┐
      int x,z;                                     │
      x = 1;                                       │
      z = b + a;      //错误!b 变量未声明            ├ a,x,z 有效(函数作用域)
      c = 10;         //错误!c 变量未声明            │
}                                                  ┘
void main() {                                      ┐
   int a = 0;                                      │
   f1(a);                                          ├ a 有效(函数作用域)
   f2(x);             //错误!x 变量未声明            │
}                                                  ┘
```

说明:

① f1 函数的形参 a 以及函数体中定义的变量 x、c 的有效使用范围为 f1 函数体的左括号到函数体的右括号。

② f1 函数体的块内变量 b,其有效使用范围为声明它的所在块,在块外无效。

③ f1 函数的局部变量有 a、x、c、b;f2 函数的局部变量有 a、x、z;main 函数的局部变量有 a,它们在使用上不会混淆。例如,f2 的形参 a 的有效使用范围为 f2 函数内,不会与 f1 的形参 a 混淆。main 的局部变量 a 不会与 f1 中的 a、f2 中的 a 相混淆。

④ 记住,局部变量的作用域总是声明它的块或函数,出了该块或该函数的范围就无效了(无法使用)。

(2) 全局作用域

在函数的外面声明的变量被称为全局变量。全局变量的作用域是整个程序文件,也就是说当前程序文件下的所有函数中都可以访问全局变量。可以说全局变量是当前文件的所有函数共享的变量。

例如,下面程序声明的全局变量 sum 的有效访问范围是整个文件,在函数 f1、f2 和 main 中都可以被访问。

```
int sum = 0;                    //声明全局变量 sum
void f1(int x,int y){           //声明参数 x,y
    int i = 1;                  //声明局部变量 i
    sum += x + y + i;           //将结果值赋给全局变量 sum
}
void f2(int x){
    sum += x;                   //将 x 加到全局变量 sum
     i = 10;                    //错误! i 变量未声明
}
void main() {
  f2 (1,2);
  f2 (3);
  printf("%d",sum);
}
```

（3）函数原型作用域

函数原型作用域是 C 语言最小的作用域。函数原型中声明的形式参数的作用域就是函数原型。书写函数原型时通常可以只声明形参的类型,形参的名字可任意命名或不写。例如:

float max(float x,float y);或者 float max(float,float);

其中形参 x,y 的作用范围就是函数 max 形参表的左、右圆括号之间,在程序的其他地方不可见。

5.6.2　变量的可见性

变量的可见性是指:程序运行到某一处,能够访问该变量,就说在该处是变量可见的。作用域与可见性有着密切的关系,具有一般规则如下:

（1）变量必先声明,然后才能使用;

（2）在同一作用域下,不能声明两个同名的变量;

（3）在没有相互包含关系的不同作用域中定义的同名变量,互不影响;

（4）如果函数的形参与函数体内局部变量同名,编译时会产生语法错误,说明变量已经声明过了;

（5）如果函数中的局部变量或参数与全局变量同名,则全局变量将被"屏蔽"(暂不可见),直到块结束。

例 5-11　同名变量可见性应用例子。

```
#include <stdio.h>
int sum = 0;                    //declare global variable sum
void main() {
  char b = 'A';
  {                             //begin outter blok
    int sum = 2;
    {                           //begin inner block
        int b = 3;
        printf("b = %d, used the varible b of inner block.\n",b);
    }                           //end inner block
    printf("b = %c, used  the varible b of main.\n",b);
    printf("sum = %d, used the varible sum of main.\n",sum);
  }                             //end outter blok
  printf("sum = %d, used sum of global variable.\n",sum);
}
```

程序运行结果如图 5-10 所示。

```
b=3, used the varible b of inner block.
b=A, used  the varible b of main.
sum=2, used the varible sum of main.
sum=0, used sum of global variable.
```

图 5-10　例 5-11 程序运行输出结果

5.7 变量的存储类型和生存期

5.7.1 变量的生存期

变量的生存期是指一个变量从被声明且分配存储空间开始,一直到被释放空间为止的时间。全局变量的生存期是程序的整个运行过程。而函数中定义的局部变量只有在调用该函数时才临时分配空间,而在该函数调用结束后局部变量的空间也就释放了,即局部变量不存在了。

5.7.2 变量的存储类型

变量的存储类型有 4 种:auto 自动类型、register 寄存器类型、static 静态类型和 extern 外部类型。

(1) 自动类型(auto)变量

auto 是变量的默认存储类型。自动类型变量定义在块内,且用 auto 修饰变量。例如:

```
int fun(int x) {
  auto int a, b = 10;
...
}
```

其中:x 是形参,a 和 b 是自动变量。执行函数 fun 时自动分配 a 和 b 的存储空间,执行完 fun 后,自动释放 a 和 b 的存储空间。自动变量的生存期和作用域是一致的。

(2) 寄存器类型(register)变量

寄存器类型变量是用 register 修饰的变量。例如:

```
register int r;
```

寄存器类型的变量也是局部变量。系统尽可能将此类型的变量值保存在 CPU 的寄存器中,以提高程序的运行速度,因为从寄存器中读取数据比从内存中读取速度快得多。

(3) 静态类型(static)变量

静态类型变量是用 static 修饰的变量。例如:

```
static int s;
```

静态变量的生存期是整个程序的执行过程。如果程序未初始化静态变量,那么系统将其初始化为 0,且初始化值只进行一次,因为静态变量的空间分配和初始化在编译阶段完成。静态变量占用的空间要到程序运行结束时才被释放。

根据静态变量定义的位置不同,分为静态局部变量和静态全局变量。

静态局部变量是在函数体内或块内用 static 修饰的局部变量。函数中定义的静态局部变量的值,在函数调用结束后一直保留,即存放其值的空间在函数调用结束后不会被释放,在下次调用此函数时静态局部变量仍然保持上一次函数调用结束时的值。

静态全局变量是用 static 修饰的全局变量(即在函数外声明的变量)。如果对全局变量用

static 修饰，则该变量的作用域只限于本文件模块（即被声明的文件中）。

例 5-12　静态变量的应用例子。

```
#include <stdio.h>
static char x;              //声明静态全局变量 x
void fun() {
  static int a = 2;         //声明静态局部变量 a
  int b = 2;                //声明局部变量 b
  a++;
  b++;
  printf("a = %d, b = %d\n",a,b);
}
void main() {
  fun();  fun();
  fun();
  printf("x = %d\n",x);
}
```

程序运行结果如下：

```
a = 3, b = 3
a = 4, b = 3
a = 5,b = 3
x = 0
```

程序运行结果分析：

(a) 第一次调用 fun 时，a 的初值是 2，执行 a++，a 的值变为 3，b 的初值 2，执行 b++，b 的值变为 3。第一次执行 fun 结束后，a 的值是 3 且 a 的空间不释放，b 的空间被释放。

(b) 第二次调用 fun 时，a 的值是 3(是第一次调用 fun 结束时 a 的值)，执行 a++，a 的值变为 4；b 的初值 2，执行 b++，b 的值变为 3。第二次执行 fun 结束后，a 的值是 4 且 a 的空间不释放，b 的空间被释放。

(c) 第三次调用 fun 时，a 的值是 4(是第二次调用 fun 结束时 a 的值)，执行 a++，a 的值变为 5，b 的初值 2，执行 b++，b 的值变为 3。

(d) 全局静态变量 x 的初值默认为 0，所以可以得到打印的结果。

(4) 外部类型(extern)变量

外部类型变量是用 extern 修饰的变量。extern 一般用来修饰全局变量，用于在相关的一组源文件中共享一组变量。应用例子见例 5-13。

5.8　C 程序的多文件结构

一个 C 程序可由多个源文件构成。在 Visual Studio 集成环境下，表现为一个项目可包含多个源文件。一个源文件可由多个函数组成，一个项目的多个源文件中只能有一个 main 函数，因为 main 函数是程序执行的入口点。如何在多个源文件中共享一组全局变量，这就要用到 extern 关键字。

例 5-13 在 C 语言程序的两个源文件 5_13file1.c 和 5_13file2.c 中,共享变量 s。

程序由两个源文件 5_13file1.c 和 5_13file2.c 组成,其中变量 s 在文件 5_13file1.c 中声明并设置值,在文件 5_13file2.c 中要读取变量 s 的值。在 Visual Studio 2017 环境下,一个项目 ch5 包含两个源文件的视图,如图 5-11 所示。

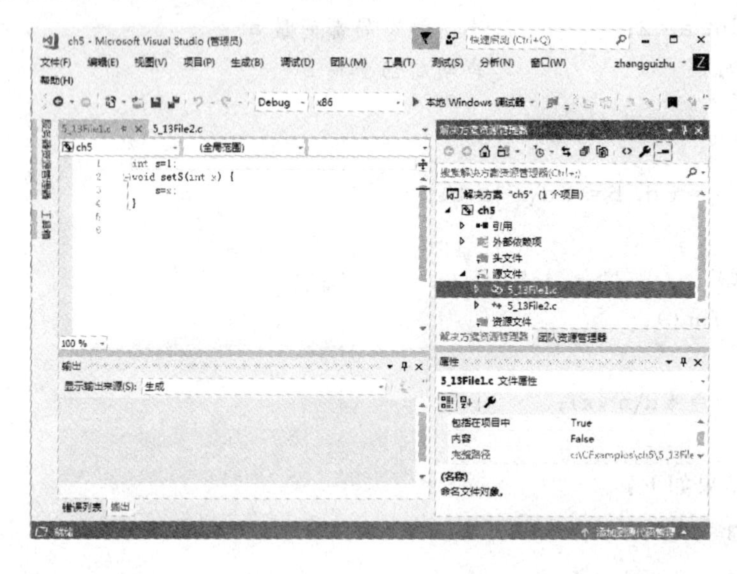

图 5-11 Visual Studio 2017 的一个项目包含两个源文件

文件 5_13file1.c 的内容:

```
int s = 1;                    //声明全局变量 s,分配存储空间
void setS(int x) {
    s = x;
}
```

文件 5_13file2.c 的内容:

```
#include <stdio.h>
extern s;                     //对外部变量 s 说明
main() {
    int x;
    printf("s = %d\n",s);
    setS(5);
    printf("s = %d\n",s);
}
```

程序运行结果如下:

```
s = 1
s = 5
```

5.9　编译预处理指令

编译器在对源程序编译之前，首先要由预处理程序对源程序进行预处理。预处理程序的主要任务是处理源程序中出现的预处理指令和预处理运算符。预处理指令是以“＃”开头的一行，行后不加分号。每一条预处理指令单独一行，并且通常放在源程序的开始处。

C 语言提供的编译预处理指令主要有：宏定义＃define、文件包含＃include 等。这里主要针对计算机二级等级考试的要求介绍常用的预处理指令。

5.9.1　宏定义指令＃define

宏定义指令＃define 的主要功能是将字符串命名为宏名字。分为带参数的和不带参数的两种。

1. 不带参数的宏定义＃define

不带参数的宏定义指令用来产生一个符号常量。格式为：

```
#define 宏符号名 常量值
```

源文件经过预处理后，程序中出现宏符号名的地方都被替换成对应的常量值(称为宏替换)。预处理后的程序中，＃define 宏指令已不再存在。

例如，将 3.1415 定义为一个符号常量 PI：

```
#define PI 3.1415
```

不带参数的宏定义指令＃define 与 const 说明符语句，在定义常量时从效果上可看作一样的，但它们的机制却不同：＃define 宏指令在预处理阶段被处理，且程序中的宏符号名被宏替换，不会为常量值分配空间，而 const 语句在编译阶段处理，且为常量值分配空间。

2. 带参数的宏定义＃define

带参数的宏定义的形式与函数定义的形式相似，可用来产生带参数的字符串。格式为：

```
#define 宏符号名(形参表) 表达式串
```

例如，一个宏定义指令：

```
#define SUM(a,b)  (a+b)/2
```

预处理时，程序中使用宏名 SUM(a,b)的地方都被宏替换成表达式(a＋b)/2，并且参数 a 和 b 被实际参数代替。例如，程序中出现的宏名 SUM(10,11)被替换成(10＋11)/2。

例 5-14　带参数的宏定义＃define 的应用例子。

```
#include <stdio.h>
#define SUB(a)  (a) - (a)
main(){
  int a = 2,b = 3,c = 5,d;
  d = SUB(a + b) * c;
  printf("%d\n",d);
}
```

上述程序输出结果为:−20

程序运行结果分析:d=SUB(a+b)*c 被宏替换成:d=(a+b)−(a+b)*c,即 d=(2+3)−(2+3)*5= −20。

3. #undef 指令

#undef 指令用来取消有#define 指令定义的宏名。这样会根据需要打开或关闭宏符号名。

5.9.2 文件包含指令#include

文件包含指令#include,使用格式为:

```
#include <文件名>
```

或

```
#include"文件名"
```

预处理程序将指明的文件名的内容替换此处的#include 指令。其中,尖括号<>括住的文件名,预编译器将在系统编译环境的 include 子目录下搜索指定的文件;而双引号引住的文件名,预编译器先在当前项目的目录下搜索指定的文件,如果找不到,再到系统编译环境的 include 子目录下搜索。所以,双引号引住的文件名一般是用户自己的文件,尖括号括住的是系统的文件名。

C 系统提供了大量的常用函数库,为用户编程带来方便。系统根据函数的功能,将库函数的函数原型分组放在不同的头文件中,头文件的后缀名为.h。例如,一组常用算术运算的库函数头文件 math.h,一组输入/输出的库函数头文件 stdio.h。用户在自己的程序中要使用库函数,必须用#include 命令包含进来,如#include <math.h>。

5.10 C 系统函数

C 语言不仅允许程序员根据需要自定义函数,而且 C 系统库中也提供了很多函数,可在程序中直接调用。本书附录 B 中列出了一些常用的系统库函数。如一组数学函数定义在头文件 math.h 中,对单个字符操作的一组函数定义在头文件 ctype.h 中,对字符串操作的一组函数定义在头文件 string.h 中,数据的输入或输出操作函数定义在头文件 stdio.h 中,内存的动态分配与释放函数定义在头文件 stdlib.h 中。每个头文件的内容,实际存放着一组函数的原型定义。

在使用库函数时,必须找到定义它们的头文件,并且用#include 命令包含到源程序中。

下面请看几个系统函数调用的例子。

例 5-15 利用字符操作库函数,判断用户当前输入的字符类型为字母、数字或其他字符。

```
#include <stdio.h>
#include <ctype.h>
void  main() {
  char c;
```

```
  c = getchar();
  if (isalpha(c))
    printf("It is alpha.\n");
  else if ( isdigit(c))
    printf("It is digit.\n");
  else
    printf("It is other char.\n");
}
```

程序三次运行的结果如下：

```
A
It is alpha.
9
It is digit.
%
It is other char.
```

例 5-16 利用随机数库函数,生成10个不同的1～13之间的随机数。

```
#include <stdio.h>
#include <math.h>
#include <time.h>
void  main() {
  int i,n;
  srand( (unsigned)time( NULL ) );//srand()函数产生一个以当前时间开始的种子
  for (i = 1;i< = 10;i ++ ) {
    n = rand() % 13 + 1;      //产生1到13之间的随机整数
    printf( " %d  ",n);
  }
  printf("\n");
}
```

程序利用srand()函数,以当前时间会产生不同的种子,从而使程序每次运行会产生不同的一组随机数结果。下面是程序两次运行的结果：

```
2  9  6  13  12  12  9  13  11  3
3  3  6  8  4  7  5  1  12  3
```

例 5-17 利用时钟库函数,动态显示当前的系统时间。

```
#include <stdio.h>
#include <time.h>
int main(){
    char date[32];
    char time[32];
    while(1){
```

```
        _strdate(date);
        _strtime(time);
        printf("\r%s %s",date,time);
    }
    return 0;
}
```

程序运行结果如下,可以看到时钟在不停地走时。

```
05/05/18 05:55:38
```

例 5-18 利用库函数,对显示器的内容清屏。

```
#include <stdio.h>
#include <stdlib.h>
int main(){
    printf("First page: AAAA\n");
    printf("Press any key ,clear screen! \n");
    getch();
    system("cls");
    printf("Second page:BBBB\n");
}
```

程序运行结果,先在显示器内容为:

```
First page: AAAA
Press any key ,clear screen!
```

当你按任何键盘键后,显示器内容变为:

```
Second page:BBBB
```

5.11 本章小结

函数完成一个具体的、独立的功能。包括函数的声明、函数的调用和函数的参数传递。

函数的参数传递方式有:传值、传地址和传引用(C++)。

函数的嵌套与递归。

函数是模块化程序结构的基本单位,在解决复杂问题时使用函数机制。

C语言程序可由多个源文件组成。每个源文件可由预处理指令、全局变量和一组函数组成,其中main函数只能有一个。

常用的编译预处理指令有:#define、#include。

调用常用的系统库函数。

习　题

5.1　函数的参数传递方式有几种?它们各有什么区别?

5.2　选择题

(1) 下列叙述中正确的是(　　)。

A) 每个C程序文件中都必须有一个main()函数

B) 在C程序的函数中不能声明另一个函数原型

C) C程序可以由一个或多个函数组成

D) 在C程序中main()函数的位置是固定的

(2) 若程序中有宏定义行#define N 100,则以下叙述中正确的是(　　)。

A) 宏定义行中定义了标识符N的值为整数100

B) 在编译程序对C源程序进行预处理时用100替换标识符N

C) 对C源程序进行编译时用100替换标识符N

D) 在运行时用100替换标识符N

(3) 有以下程序

```
fun(int x,int y){return(x+y);}
main()
{ int a=1,b=2,c=3,sum;
  sum=fun((a,b,a+b),c);
  printf("%d\n",fun((a++,b++,a+b),c++)); }
```

执行后的输出结果是(　　)。

A) 5　　　B) 7　　　C) 8　　　D) 3

(4) 有以下程序

```
fun(int x,int y)
  { static int m=0,i=2;
    i+=m+1;m=i+x+y; return m;
  }
 main()
  {int j=1,m=1,k;
  k=fun(j,m); printf("%d,",k);
  k=fun(j,m); printf("%d\n",k);
  }
```

执行后的输出结果是(　　)。

A) 5,5　　　B) 5,11　　　C) 11,11　　　D) 11,5

(5) 有以下程序

```
int add(int a,int b){return+b};}
main()
{int k,(*f)(int,int),a=5,b=10;
f=add;
…
}
```

则以下函数调用语句错误的是(　　)。

A) k=(*f)(a,b);B) k=add(a,b);　C) k=*f(a,b);　D) k=f(a,b);

(6) 设有如下函数定义

```
int fun(int k)
  { if (k<1) return 0;
  else if(k==1) return 1;
  else return fun(k-1)+1;
}
```

若执行调用语句 n=fun(3);则函数 fun 总共被调用的次数是(　　)。

A) 2　　B) 3　　C) 4　　D) 5

5.3 填空题

(1) 以下程序执行后的输出结果是 (a)

```
fun(int x)
{ int p;
    if(x==0||x==1) return 3;
    p=x-fun(x-2);
    //printf("=%d\n",p);
    return p;
  }
  main()
  {   printf("%d\n",fun(7)); }
```

(2) 以下程序执行后的输出结果是 (b)

```
void fun2(char a, char b){printf("%c%c",a,b);}
char a='A',b='B';
void fun1(){ a='C'; b='D'; }
main( )
{ fun1();
  printf( "%c%c",a,b);
  fun2('E','F');
}
```

(3) 以下程序执行后的输出结果是(c)

```
void prt (int *x, int *y, int *z)
 { printf("%d,%d,%d\n", ++ *x, ++ *y, *(z++));}
 main()
 { int a=10,b=40,c=20;
  prt (&a,&b,&c);
  prt (&a,&b,&c);
}
```

(4) 以下程序中,函数 fun 的功能是计算 x^2-2x+6,主函数中将调用 fun 函数计算:

$y1=(x+8)^2-2(x+8)+6$

$y2=\sin^2(x)-2\sin(x)+6$

请填空。

```
#include <stdio.h>
```

```
#include <math.h>
double fun(double x)  {  return(x * x - 2 * x + 6);  }
main()
{  double x,y1,y2;
   printf("Enter x:");   scanf("%lf",&x);
   y1 = fun(__d__);
   y2 = fun(__e__);
   printf("y1 = %lf,y2 = %lf\n",y1,y2);
}
```

(5) 以下程序输出结果为(__f__)

```
#include <stdio.h>
#define M 5
#define N M + M
main()
{ int k;
  k = N * N * 5; printf("%d\n",k);
}
```

5.4　编写两个函数,求任意两个整数的最大公约数和最小公倍数。

5.5　编写一个函数 fun,它的功能是:根据以下公式求 p 的值,结果由函数的参数返回。m 与 n 为两个正整数,且要求 $m>n$。$p=m!\ /n!\ (m-n)!$ 。

5.6　求出 1 000 以内的回文素数。请将判断 n 是否为回文数和判断 n 是否为素数的功能定义为两个独立的函数。

5.7　编写用于判断输入的正整数是否为降序数的函数。设正整数 $n=d_1d_2d_3\cdots d_k$,如果满足 $d_i\geqslant d_i+1(i=1,2,\cdots,k-1)$,则 n 就是一个降序数。如 4321 和 9433 都是降序数。

5.8　给定任意正整数 x,将其中各位上是偶数的数字依次取出,并组合成一个新的数,输出结果。例如:$x=14625$,输出 462。

5.9　编写函数求 π 的值。π 的计算公式如下:

$$\pi=16\arctan\left(\frac{1}{5}\right)-4\arctan\left(\frac{1}{239}\right)$$

其中 arctan 用如下形式的级数计算:

$$\arctan(x)=\frac{x}{1}-\frac{x^3}{3}+\frac{x^5}{5}+\cdots=\sum_{n=0}^{\infty}\frac{(-1)^n x^{2n+1}}{2n+1}$$

直到级数某项绝对值不大于 10^{-15} 为止。这里 π 和 x 均为 double 型。

5.10　请编写一个函数 float fun(double h),其功能是对变量 h 中的值保留 2 位小数,并对第三位进行四舍五入(规定 h 中的值为正数)。

5.11　编写一递归函数:计算 x 的 n 阶勒让德多项式的值。递归公式如下:

$$P_n(x)=\begin{cases}1 & n=0\\ x & n=1\\ ((2n-1)*x*P_{n-1}(x)-(n-1)*P_{n-2}(x))/n & n>1\end{cases}$$

5.12　定义一个带参数的宏,使两个参数的值互换。

第6章　数组、字符串与动态内存分配

数组是用来表示批量的数据，结合循环可以使用数组处理批量数据。字符串在C语言中用字符型数组表示。本章首先介绍一维数组和多维数组的声明和使用，通过下标变量和指针如何访问一维数组元素和二维数组元素，介绍数组的常用算法。接着介绍字符型数组的声明、输入、输出和访问，详细介绍字符串处理的一组库函数的使用。最后介绍动态内存的申请或释放。本章将数组、字符串、指针和函数有效地结合，给出结构化程序设计的大量实例。

6.1　数组概念

一组相同数据类型的元素按一定顺序线性排列，就构成了数组。数组的主要特点如下：

(1) 数组是相同数据类型的元素的集合。

(2) 数组中的各元素是有先后顺序的。它们在内存中按照这个顺序连续存放在一起。

(3) 每个数组元素用整个数组的名字和它自己在数组中的位置表达，此位置被叫作下标或索引。如a[0]代表数组a的第一个元素，a[1]代表数组a的第二个元素，依此类推。

例如，int a[6]是一个包含6个整型元素的数组，在内存中的顺序存储结构如下：

a[0]	a[1]	a[2]	a[3]	a[4]	a[5]
−45	6	−45	0	73	12

数组下标编号总是从0开始，最后一个元素的下标为数组元素的个数减1。数组元素的个数也称作数组的长度(length)。例如，double array[100]，array元素的个数或长度为100，数组元素的最大下标为99，各数组元素的命名依次为array[0]，array[1]，…，array[99]。

使用数组能够批量处理一组数据，这种重复处理得结合循环语句完成。

数组有一维数组和多维数组之分，下面分别详细介绍它们。

6.2　一维数组

6.2.1　一维数组的声明

声明数组时，要指定数组的名称、数组所包含的元素的数据类型和元素的个数。声明一维数组的语法格式为：

```
数据类型　数组名[常量表达式]；
```

其中常量表达式表示数组元素的个数(或称数组的长度),方括号[]是数组的标志。声明数组意味着给数组分配一组连续的存储空间,空间的大小为:length * sizeof(dataType)。

例如,声明数组语句:

```
int  intArray[10];
```

声明了含有 10 个元素的整型数组,分配 10 个元素的内存空间(每个元素占 4 个字节),sizeof(intArray)=40,即为整个数组分配的字节数为 40。

声明数组时,方括号中的数组元素的个数一定是常量表达式,即只能是符号常量或常量名组成的表达式,而不能是变量。例如:

```
int count = 10;
char cArray[count];                //错误,元素个数 count 是变量
```

例如:

```
const int count = 10;
char cArray[count];                //正确,元素个数是常量
unsigned char bArray[count + 1];   //正确,元素个数是常量
```

例如:

```
#define length 100;
long lArray[legnth];               //正确,元素个数是常量
```

数组变量一旦创建之后,在程序整个执行期间,就不能再改变数组元素的个数。

6.2.2　一维数组的初始化

数组的初始化是在声明数组的同时,给数组的每一个元素指定一个初始值,一般语法格式为:

```
数据类型　数组名[常量表达式]={初始化列表};
```

或

```
数据类型　数组名[]={初始化列表};
```

其中,初始化列表是用逗号分隔的一组常量值。

例如:

```
int a[5] = {1,2,3,4,5};            //通过初始化列表给数组元素指定初始值
```

定义了包含 5 个元素的数组 a,并为每个数组元素赋初值,即 a[0]=1,a[1]=2,a[2]=3,a[3]=4,a[4]=5。

例如:

```
int a[]={1,2,3,4,5};
```

也定义了包含 5 个元素的数组 a,当编译器遇到一个没有指定元素个数而有初始化列表的数组声明时,会通过计算列表中的初始值的个数来确定数组元素的个数。

例如:

```
int a[5]={1,2};
```

定义了包含 5 个元素的数组 a,并为每个数组元素赋初值,即 a[0]=1,a[1]=2,a[2]=0,a[3]=0,a[4]=0。

如果初始化列表中的数据个数小于数组元素的个数,则编译器给剩下的数组元素的初值是0。例如:要给含有100个元素的数组赋初值为0:

```
float f[100] = {0.0f};        double d[100] = {0.0};
```

例如:

```
char c[10] = {'0','1','2'};
```

定义了包含10个元素的字符数组c,且c[0]=48,a[1]=49,a[2]=50,a[3]=a[4]=…=a[9]=0,或者c[0]='0',a[1]= '1',a[2]= '2',a[3]=a[4]=…=a[9]='\0'。

数组定义之后,也可以用赋值语句为数组元素赋值。例如:

```
shorts[5];
s[0] = 1; s[1] = 2;s[2] = 3; s[3] = s[2] - s[1]; s[4] = s[3] - s[1] - 2;
```

6.2.3 一维数组元素的表示方法

数组定义后,就可以在程序中像使用任何变量一样来使用数组元素。一维数组元素的使用,常用下标变量表示法,其语法格式为:

```
数组名  [下标]
```

其中:下标必须是整型或者可以转化成整型的量。下标的取值范围:从0开始到数组的长度减1。例如长度为10的数组,其元素下标有效范围为0~9。

注意,访问数组元素时,下标不能越界。例如数组intArray的长度为10,包含10个元素,下标分别为0~9。如果在程序中使用intArray [10],就会发生数组下标越界,系统运行时会出错并自动终止当前程序的执行。避免这种情况的一个有效方法是:利用符号名如length表示数组元素的个数,用length-1作为数组下标的下界。

数组的基本操作包括输入、输出和访问,一般不能整体对数组操作,只能通过依次访问数组中的每个数组元素实现。借助于循环,有规律地控制数组下标的变化,来实现对数组的访问。

例6-1 从键盘输入一组数放入数组中,逆序输出数组的所有元素以及元素之和。

```
#include <stdio.h>
#define length 5
    void main() {
    int array[length] ;
    int i,total = 0;
    for (i = 0; i <= length - 1; i ++ )
        scanf("%d",&array[i]);
    for (i = 0; i <= length - 1; i ++ )  // add each element's value to total
        total += array[ i ];
    printf("Reversed array elements: " );
    for (i = length - 1; i >= 0 ;i - - )  //逆序输出数组所有元素
        printf("% - 4d  ",array[i]);
    printf("\nTotal of array elements: %d\n" , total);
}
```

程序输出结果：

```
10
20
30
80
34
Reversed array elements:  34  80  30  20 10
Total of array elements: 184
```

6.2.4　用指针访问一维数组

一个含有 *n* 个元素的数组，在内存将分配 *n* 个连续的存储单元，每一个数组元素占用的内存空间大小一样，且与数组的数据类型相关。每一个数组元素都有一个存储地址(也称为数组元素的指针)。C 语言中，数组名代表着整个数组的首地址，也就是数组的第一个元素的地址。我们可以定义一个指针变量用以指向数组元素(即存放数组元素的地址)，然后通过指针变量间接访问数组元素。

1. 指向一维数组元素的指针

定义一维数组的指针变量，语法格式为：

```
类型 (*变量名);
```

其中“类型”为所指一维数组的数据类型。“*”表示其后的变量是指针类型。例如：

```
int a[10] = {1,2,3,4,5,6,7,8,9,10};
int *p;   //定义指针变量
p = a;或者 p = &a[0];
```

上述语句执行后，p 指向数组 a 的首地址，即其值是 a[0]元素的地址，如图 6-1 所示。

在声明一维数组的指针变量的同时，初始化为数组的首地址，例如：

```
char s[10], *ps = s;
```

2. 对指针进行加减运算

当指针变量指向某个数组的元素时，允许对指针进行如下的加减运算。

(1) 如果指针变量 p 已指向数组中的一个元素 a[i]，则 p+1 指向同一数组中的后一个元素 a[i+1]，p−1 指向同一数组中的前一个元素 a[i−1]，如图 6-2 所示。

例如：

```
float a[10];
float *p = &a[1];        //p 指向 a[1]。即 p 的值是 a[1]的地址
```

假设内存按字节编址，float 型的数据占四个字节时，若 a[0]的地址为 2000，则上述 p 的值为 2004，则 p+1 的值为 2008，p−1 的值为 2000。

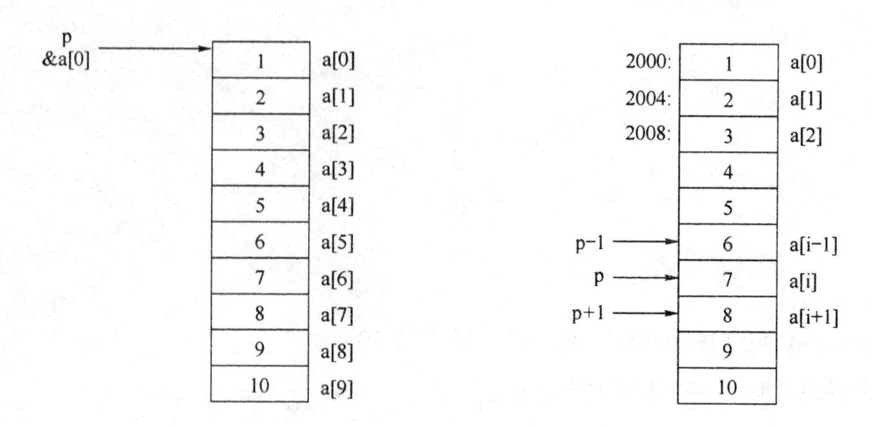

图 6-1　指针变量指向数组首地址　　　　图 6-2　指针变量后(前)的一个元素

(2) 如果 p 的初值为 &a[0],则 p+i 和 a+i 就是数组元素 a[i]的地址,或者说,p+i 或 a+i 都指向 a[i]元素。

(3) 通过指针间接存取 a[i]元素的等价形式有:*(p+i)、*(a+i)和 p[i],这里 p 指向数组 a 的首地址。

(4) 当 p 是指针变量时,允许进行赋值、加减运算。

p=p+i:给 p 加一个整数 i。表示 p 的值指向当前数组元素往后的第 i 个元素。

p=p−i:给 p 减一个整数 i。表示 p 的值指向当前数组元素往前的第 i 个元素。

p++或++p:自加 1 运算。表示 p 的值指向当前数组元素的后一个元素。

p−−或−−p:自减 1 运算。表示 p 的值指向当前数组元素的前一个元素。

要注意数组名是常量指针,它始终指向数组的首地址。不能改变它的值。例如:

a=a+1;

是错误的。

(5) 两个指针相减,如 p1−p2 ,表示 p2 与 p1 之间有多少个元素。只有 p1 和 p2 都指向同一数组中的元素时相减才有意义。下面代码对数组 a 遍历输出所有元素:

```
float  a[10] = {0,1,2,3,4,5,6,7,8,9}, * p = a;
while (p - a<10) { // a[9]与 a[0]之间相差 9 个元素
    printf("%f", * p);
    p++
};
```

例 6-2　通过指针遍历数组所有元素。

下面程序给出了 5 种遍历数组元素的方法,它们的输出结果都是一样的,请仔细琢磨它们的用法特点,以便掌握一维数组元素的指针访问方法。

```
#include <stdio.h>
#define length 5
void main() {
    int a[length] = {1,2,3,4,5};
    int i, * p = a;
    //下标变量法遍历数组元素
```

```
    for (i = 0; i <= length-1; i++ )
        printf("%-4d  ",a[i]);
    printf("\n");
    //数组名常量指针法遍历数组元素
    for (i = 0; i <= length-1; i++ )
        printf("%-4d  ", *(a+i));
    printf("\n");
    //变量指针法遍历数组元素,变量指针的值不变
    for (i = 0; i <= length-1; i++ )
        printf("%-4d  ", *(p+i));
    printf("\n");
    //变量指针法遍历数组元素,变量指针类似于数组名使用,变量指针的值不变
    for (i = 0; i <= length-1; i++ )
        printf("%-4d  ",p[i]);
    printf("\n");
    //变量指针法遍历数组元素,变量指针的值在变,不断指向下一个元素
    for (i = 0; i <= length-1; i++ ) {
        printf("%-4d  ", *(p++));
    }
    printf("\n");
}
```

程序运行输出结果:

```
1    2    3    4    5
1    2    3    4    5
1    2    3    4    5
1    2    3    4    5
1    2    3    4    5
```

6.2.5　函数参数为访问一维数组的指针

通过函数形参对一维数组进行读写时,往往把函数的形参定义为访问一维数组的指针变量,形参的定义格式允许有三种情形:

type *p,type p[],type p[len]

其中:类型 *p 和 类型 p[]的形参作用相同,对应的实参为一维数组名,且数组类型为 type、长度为任意的一维数组。而形参 type p[len],对应的实参为数组名,且数组类型为 type、但长度固定为 len 的一维数组。所以形参 type *p、type p[]比 type p[len]适用的一维数组情形更广。

例 6-3　完成给一维数组各元素赋值为对应元素的下标值,将此功能定义为函数 f。

```
#include <stdio.h>
void f(int *a,int n) {   //或 f(int a[],int n),形参是待赋值的一维数组指针和元素
```

个数

```
    int i;
    for (i=0;i<n;i++) {
      a[i]=i; printf("%2d",a[i]);
    }
    printf("\n");
  }
  void main() {
  int a[10],b[5];
  f(a,10);
  f(b,5);
  }
```

程序运行结果:

```
0 1 2 3 4 5 6 7 8 9
0 1 2 3 4
```

要注意:int a[]表示元素个数是不确定的一维数组,这种形式只能出现在函数形参中,不能出现在一般数组变量声明语句中,否则编译报错。

6.2.6 一维数组综合程序设计举例

数组的常用算法有:对数组进行排序、插入、修改、删除和查询操作。下面通过举例讨论它们。

例 6-4 用冒泡排序法对数组进行增序(从小到大)的排序。

冒泡排序法是常见的排序算法,它模拟水中气泡的排放规则,使重量"较轻"(值较小)的气泡浮到上面,重量"较重"(值较大)的气泡沉到下面,对每一趟排序,从第1个元素开始,比较相邻元素的大小,按照规则对调两者的位置,最终确定一个最大(或最小)的气泡的位置。

例如,要对数组 a:6 5 8 4 1,使用冒泡法从小到大排序。排序过程如图 6-3 所示。对于含有5个元素 a[0]、a[1]、a[2]、a[3]、a[4]的数组,进行冒泡排序的过程描述如下:

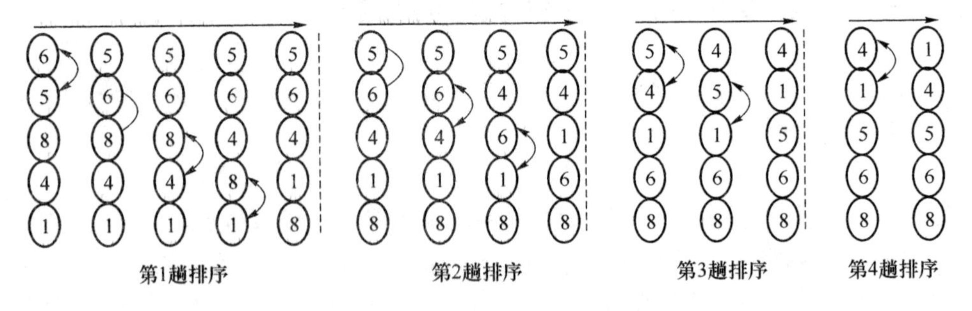

图 6-3 冒泡排序的示例过程

第1趟排序:相邻两个数据进行比较,若前者大于后者,则交换两者的位置,即如果 a[i]>a[i+1],则交换 a[i]、a[i+1]。(i 从 0 到 3)。第1趟排序完后最大的元素 8 移到最后一个位置 a[4],这个位置的元素 a[4]已经放好。在以后的排序过程中不会再改变,因此,该位置上的数据不参与后续排序。所以第 2 趟排序只要对 a[0]、a[1]、a[2]、a[3]比较。

第 2 趟排序：如果 a[i]>a[i+1]，则交换 a[i]、a[i+1]。(i 从 0 到 2)。第 2 趟排序完后，a[3]、a[4]已经放好。

第 3 趟排序：如果 a[i]>a[i+1]，则交换 a[i]、a[i+1]。(i 从 0 到 1)。第 3 趟排序完后，a[2]、a[3]、a[4]已经放好。

第 4 趟排序：如果 a[i]>a[i+1]，则交换 a[i]、a[i+1]。(i 从 0 到 0)。第 4 趟排序完后，所有元素已经排序好。

依比类推，对于含有 size 个元素的数组 a。用变量 pass 表示排序的趟数，整个冒泡排序过程描述为：

pass=1 to size−1 重复执行：

{i=0 to size−1−pass 重复执行：

{if a[i]>a[i+1] then 交换

整个排序过程用二重循环实现。为了提高冒泡法的可重用性，我们把它定义为一函数：

bubblesort(int values [],int size)

或者

bubblesort(int * values,int size)

其中：函数的形参是待排序的一维数组和一维数组元素的个数。第一个形参定义为 int array[]或 int * array，是一维数组指针，对应的实参可为任意的一维数组名。如果将形参定义为 int array [len1]，则对应的实参是长度为 len1 的一维数组名。所以形参定义 int array[](或 int * array)比 int array [len1]适用的一维数组范围更广。

同样，程序将打印一维数组功能也定义为一函数。程序源代码如下：

```
#include <stdio.h>
void bubblesort(int values[],int size ){
    int  pass,i,temp;
    for (pass = 1;pass<= size - 1 ;pass ++ ) {
        for (i = 0;i<= size - 1 - pass;i ++ )
            if (values[i]>values[i + 1]) {
                temp = values[i];
                values[i] = values[i + 1];
                values[i + 1] = temp;
            }
    }
}
void print(int values[],int size ){
    int i;
     for (i = 0;i<size;i ++ )
        printf(" %4d",values[i]);
     printf("\n");
}
void main() {
```

```
    int score1[] = {10,3,56,89,80,60};
    int score2[] = {78,100,45,12,78,90,3,5};
    bubblesort(score1,6);
    print(score1,6);
    bubblesort(score2,8);
    print(score2,8);
}
```

程序运行结果如下：

```
3  10  56  60  80  89
3  5  12  45  78  78  80  100
```

思考：

1. 上面各个函数中的一维数组元素的引用,采用的是下标变量形式 values[i],也可以等价地换成指针变量形式 *(values+i),请自行修改程序验证它。

2. 仔细分析冒泡排序的过程,我们可以发现,冒泡排序的趟数不一定是 size－1。如果在某一趟比较排序的过程中,发现没有任何元素得到交换,则说明此时整个数组已经排序好,不再需要进行下一趟的比较排序。请你试着写出趟数最少的冒泡排序函数。

例 6-5　在有序的数组中,用折半查找法查找一个特定的值。

折半查找法(二分查找法)只能应用于有序的数组。二分查找法是一种比较快捷的查找方法。其基本思路是:先将整个数组作为查找区间,用给定的值与查找区间的中间元素的值相比较,若相等,则查找成功;若不等,则缩小范围,判断该值落在区间的前一部分还是后一部分,再将其所在的部分作为新的查找区间,继续上述过程,一直到找到该值或区间长度小于0(表明查找不成功)为止。

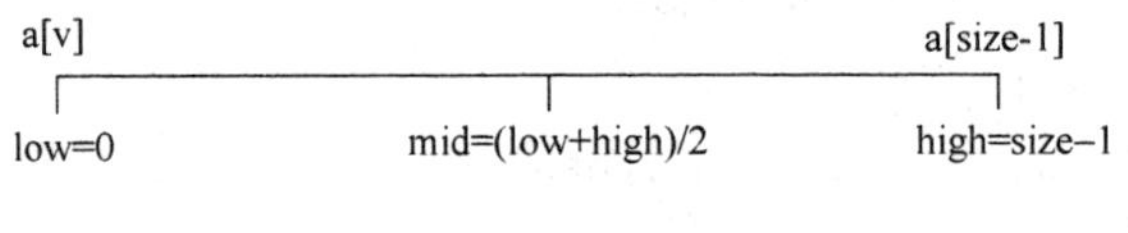

图 6-4　折半查找法

在含有 size 个元素的数组 a,查找是否有关键字 key 的元素,折半查找法的算法描述过程如下：

1. 设置查找的最初区间[low,high],其中 low＝0,high＝size－1,则中间位置 mid ＝(low＋high) /2;设置变量 found 作为是否找到 key 的标志,初值置为 0。

2. 判断中间位置元素 a[mid]和查找关键字 key 之间的关系(有下面三种情形),直到找到或无查找区间(即 low＞high)为止。

(a) 若 key ＝a[mid],则成功找到,置 found＝1,查找结束。

(b) 若 key ＜ a[mid],则说明待查找的关键字应该在左半区间,所以可以将查找范围缩减到[low,mid－1]。

(c) 若 key ＞ a[mid],则说明待查找的关键字应该在右半区间,所以可以将查找范围缩减到[mid＋1,high]。

重复执行步骤 2 的条件为:(low＜＝high) 且 found＝＝0

3. 循环结束时,判断若 found＝＝1 则找到,否则找不到 key。

程序代码：

```
#include <stdio.h>
//函数返回找到的 key 的下标位置,返回 -1 则找不到
int binarySearch(int array[],int key ,int size){
    int low,high,found = 0,mid;
    int index;
    low = 0;high = size - 1;
    while ((found == 0) &&(low<= high)) {
        mid = (low + high)/2;
        if (key == array[mid]) {
            found = 1;
            index = mid;
        }
        else if (key>array[mid]) {
            low = mid + 1;
            ;
        }
        else if (key<array[mid]) {
            high = mid - 1;
        }
    }
    if (found)
        return index;
    else
        return -1;
}
void main() {
    int score1[] = {3,10,56,60,80,85};
    int loc,key;
    printf("输入要查找的关键字 = ？");
    scanf("%d",&key);
    loc = binarySearch(score1,key,6);
    if (loc == -1)
        printf("找不到！\n");
    else
        printf("成功找到！%d 的下标位置为 %d\n",key,loc);
}
```

程序执行结果：

```
输入要查找的关键字 = ？80
成功找到！80 的下标位置为 4
```

6.3 多维数组

带有两个以上的下标的数组叫作多维数组。下面我们主要以二维数组为例来讨论,多维数组可由二维数组类推而得到。

6.3.1 二维数组的声明

带有两个下标的数组叫作二维数组。二维数组常用于存放类似于矩阵这样的二维平面信息,数组的第一维和第二维分别对应于矩阵的行和列。二维数组声明的格式为:

类型　数组名[常量表达式 1][常量表达式 2];

其中常量表达式 1 和常量表达式 2 分别表示第一维下标的长度和第二维下标的长度。例如:

```
int a[2][3];
```

将创建 2 行 * 3 列的二维数组,共含有 2 * 3 个数组元素,各元素的下标变量表示如图 6-5 所示。C 语言中,二维数组的各行长度(各行包含的元素个数)一定相同。

	列0	列1	列2
第0行a[0]	a[0][0]	a[0][1]	a[0][2]
第1行a[1]	a[1][0]	a[1][1]	a[1][2]

图 6-5　2 行 3 列的二维数组

二维数组在概念上是二维的,也就是说其下标在两个方向上变化,下标变量在数组中的位置也处于一个平面之中。但是,实际的硬件存储器却是连续编址的,即存储器单元是按一维线性排列的。如何在一维存储器中存放二维数组呢?可有两种方式:一种是按行排列,即放完第 0 行之后顺次放入第 1 行,第 2 行……直至最后一行。另一种是按列排列,即放完第 0 列之后再顺次放入第 1 列等。在 C 语言中,二维数组是按行排列的。在图 6-5 中,a 按行顺次存放时,先存放第 0 行,再存放第 1 行,而每行的 3 个元素也是依次存放。由于数组 a 说明为 int 类型,该类型的每个元素占有 4 个字节的内存空间,整个数组占用(2 * 3) * 4 个字节的存储空间,sizeof(a)=2 * 3 * 4=24。

6.3.2 二维数组的初始化

在声明二维数组的同时,可进行数组元素的初始化赋值。初始化的形式有下面几种:

(1) 分行给二维数组赋初值。例如:

```
int b[3][2] = {{1,2},{2,3},{3,4}};
```

(2) 将所有初值写在一行中。例如:

```
int b[3][2] = {1,2,3,4,5,6};
```

(3) 可以只给部分元素赋初值。当{ }中值的个数少于元素个数时,只给前面部分元素赋值。后面的元素初值缺省为 0,这对于任何数据类型的数组都是一样。例如:

```
int b[3][2] =  {{1},{2},{3}};
```

相当于

```
int b[3][2] = {{1,0},{2,0},{3,0}};
```

(4) 声明数组时,第 1 维的下标的长度可以不确定,但第 2 维的下标的长度一定要确定。编译器通过计算列表中的全部元素初值的个数来确定第 1 维的下标的长度。例如:

```
int b[][4] = {1,2,3,4,5,6,7,8};
```

相当于

```
int b[2][4] = {1,2,3,4,5,6,7,8};
```

6.3.3　二维数组元素的表示方法

二维数组的每个元素,常用双下标的表示形式,其语法格式为:

数组名[下标 1][下标 2]

其中下标 1、下标 2 为非负的整型表达式。

例如:a[2][3],b [i+2][j * 3]

二维数组的遍历访问,需要通过二重循环逐行(或逐列)进行。例如对于数组 a,按行遍历时,外层循环控制变量 i 控制第一维(行)的下标,内层循环控制变量 j 控制第二维(列)的下标,a[i][j]表示第 i 行第 j 列的数组元素。

例 6-6　有一个矩阵,要打印出其每一列的最大值位置。

解题思路:定义二维数组存放矩阵,对二维数组按列的次序扫描。对某一列 col,用变量 k 存放最大值的行号,开始时,假设第 col 列的第 0 行元素为最大值,用 k 记住其行号,然后依次将该最大值 k 与该列的其余各行元素比较,若大于目前最大值,则立即刷新 k 的值为此行的行号。

定义两函数 void input(int a[][len2])和 void print(int a[][len2]),分别用于二维数组的数据输入和输出,其中参数 int a[][len2],对应的实参是第二维长度为 len2、第一维为任意长度的一个二维数组名。如果形参定义为 int a[len1][len2],则对应的实参是第一维和第二维的长度分别为 len1 和 len2 的一个二维数组名,显然 int a[][len2]比 int a[len1][len2]适用的二维数组范围更广。程序源代码如下:

```
#include <stdio.h>
#define len1 3
#define len2 4
void input(int a[][len2]);
void print(int a[][len2]);
void main() {
    int a[len1][len2];
    int row,col,k;
    //二维数组数据输入
    input(a);
    //二维数组输出
    printf("\n 您已经输入的二维数组:\n");
    print(a);
```

```
        //输出每一列的最大值
        for (col = 0;col<len2;col ++ ) {
            k = 0;
            for (row = 0;row<len1;row ++ )
                if (a[row][col]>a[k][col]) k = row;
            printf("第 %d 列第 %d 行的元素为最大值。\n",col,k);
        }
    }
    void input(int a[][len2]) {
        int row,col;
        for (row = 0;row<len1;row ++ ) {
            printf("输入第 %d 行:",row);
            for (col = 0;col<len2;col ++ )
                scanf(" %d",&a[row][col]);
        }
    }
    void print(int a[][len2]){
        int row,col;
        //二维数组输出
        for (row = 0;row<len1;row ++ ) {
            for (col = 0;col<len2;col ++ )
                printf(" %5d  ",a[row][col]);
            printf("\n");
        }
    }
```

程序执行结果如图 6-6 所示。

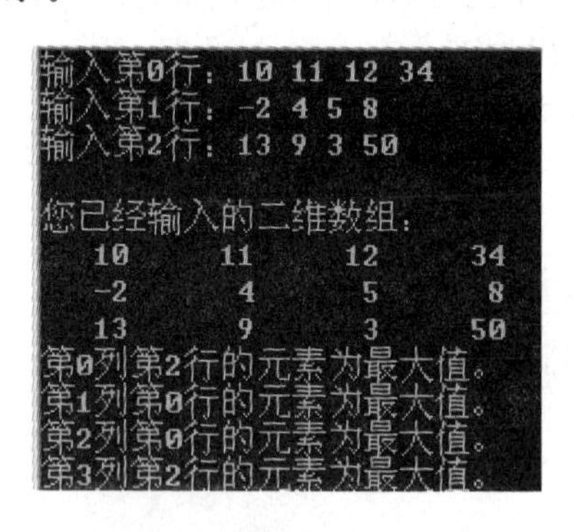

图 6-6　例 6-6 程序运行输出结果

例 6-7　实现 $N \times N$ 矩阵的转置。

解题思路:矩阵的转置是指矩阵的上下三角元素以对角线为中轴线对称互换,即原来的 i 行 j 列元素在转置后称为 j 行 i 列元素。定义二维数组 a[N][N]存放矩阵。程序代码如下:

```
#include <stdio.h>
```

```
#include <math.h>
#define N 4
void main() {
    int a[N][N];
    int i,j,t;
    void randoms(int a[][N]);              //函数原型
    void print(int a[][N]);                //函数原型
    //随机生成 N*N 个数据放入二维数组
    randoms(a);
    printf("二维数组转置前:\n");
    print(a);
    for (i = 0;i<N;i++) {
        for (j = i + 1;j<N;j++) {
            t = a[i][j];
            a[i][j] = a[j][i];
            a[j][i] = t;
        }
    }
    printf("\n 二维数组转置后:\n");
    print(a);
}
//生成 0 到 32767 之间的随机数放入数组元素
void randoms(int a[][N]) {
    int row,col;
    for (row = 0;row<N;row++) {
        for (col = 0;col<N;col++)
            a[row][col] = rand();}
}
void print(int a[][N]){
    int row,col;
    for (row = 0;row<N;row++) {
        for (col = 0;col<N;col++)
            printf("%7d  ",a[row][col]);
        printf("\n");
    }
}
```

程序运行结果如图 6-7 所示。

```
二维数组转置前:
      41   18467    6334   26500
   19169   15724   11478   29358
   26962   24464    5705   28145
   23281   16827    9961     491

二维数组转置后:
      41   19169   26962   23281
   18467   15724   24464   16827
    6334   11478    5705    9961
   26500   29358   28145     491
```

图 6-7　例 6-7 程序运行输出结果

6.3.4　声明二级指针

二级指针变量声明的一般格式为:

type ** 变量名

例如: int a=8; int *p=&a;int **q=&p;

其中 q 是二级指针变量,p 是一级指针变量,a 是基本类型变量。各指针之间的关系如图 6-8 所示,设变量 a 分配内存空间地址为 1000,内容为 8;一级指针变量 p 指向 a,即 p 的值是 a 变量地址 1000,二级指针 q 指向 p,即 q 的值是 p 变量的地址 2000。

访问 a 变量的等同形式有: **q,*p,a,其中 *q 相当于 p,**q 相当于 a。取内容运算符 *,是单目运算符,其结合性为自右至左。**q 相当于 *(*q)。

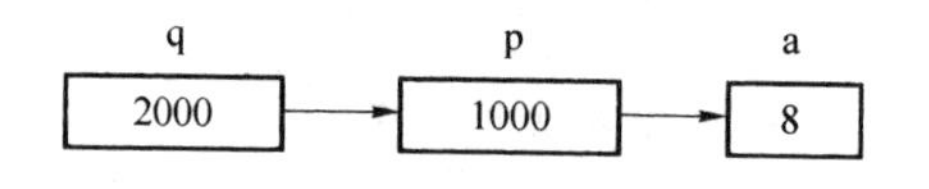

图 6-8　各指针之间的关系

6.3.5　用指针访问二维数组

1. 多维数组元素的地址

在 C 语言中,多维数组被看作数组的数组。例如二维数组是一个特殊的一维数组,此一维数组中的每一个元素又是一个一维数组。设有二维数组定义:

int a[3][4]={ 1,2,3,4,5,6,7,8,9,10,11,12};

可看作由 3 行组成,记作 a[0]、a[1]和 a[2],而每一行又是含有 4 个元素的一维数组。即二维数组 a 可看作由 3 个一维数组 a[0]、a[1]和 a[2]组成。二维数组各指针之间的关系如图 6-9 所示,可得到下面的关系:

(1) a:指向二维数组的首址,即指向第 0 行(存放第 0 行首地址),其值为 a[0][0]元素的地址 &a[0][0]。

*a 或 a[0]:代表第 0 行,其值为 &a[0][0]。

**a:代表 a[0][0]。

(2) a+i:指向第 i 行(存放第 i 行的地址),或称行指针,其值等于 &a[i][0]。

*(a+i)或 a[i]代表第 i 行,其值也等于 &a[i][0],即第 i 行第 0 个元素的地址。

* (a+i)+j 或 a[i]+j：指向第 i 行第 j 个元素，其值为 &a[i][j]。

* (* (a+i)+j：代表 a[i][j]。

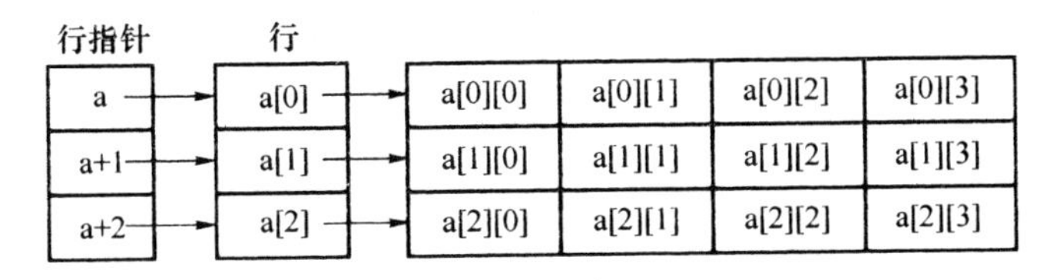

图 6-9　二维数组的各指针之间的关系

这里要注意：* *a 是一个二级指针，也就是说 a 存放的是 a[0]的地址，a[0]存放的是 a[0][0]的地址，通过 * *a 可以间接访问 a[0][0]元素，或说 a 是间接地间接访问 a[0][0]元素的二级指针。

例 6-8　输出二维数组的各指针值。

```
#include <stdio.h>
    void main() {
    int a[3][4] = {1,2,3,4,5,6,7,8,9,10,11,12};
    int i;
    //请观察二维数组的各指针的值及其之间的关系
    printf("a = %d, * a = %d,a[0] = %d,&a[0][0] = %d,a[0][0] = %d \n",a, * a,a
[0],&a[0][0],a[0][0]);
    for (i = 0;i<3;i++) {
        printf("a + %d= %d, * (a + %d) = %d,a[ %d] = %d,",i,a + i,i, * (a + i),
i,a[i]);
        printf("&a[ %d][0] = %d,a[ %d][0] = %d\n",i,&a[i][0],i,a[i][0]);
    }
}
```

程序运行结果：

```
a = 2686700, * a = 2686700,a[0] = 2686700,&a[0][0] = 2686700,a[0][0] = 1
a + 0 = 2686700, * (a + 0) = 2686700,a[0] = 2686700,&a[0][0] = 2686700,a[0][0] = 1
a + 1 = 2686716, * (a + 1) = 2686716,a[1] = 2686716,&a[1][0] = 2686716,a[1][0] = 5
a + 2 = 2686732, * (a + 2) = 2686732,a[2] = 2686732,&a[2][0] = 2686732,a[2][0] = 9
```

2. 指向二维数组的指针变量

我们可以定义一个行指针变量，用以指向二维数组，然后通过指针变量间接访问数组元素。

定义二维数组的行指针变量形式为：

```
类型说明符 ( * 指针变量名) [长度];
```

其中“类型说明符”为所指二维数组的数据类型。“ * ”表示其后的变量是指针类型。“长度”应等于二维数组声明时的第二维下标长度。这里定义的指针变量名实际上是指向二维数组的行指针，指向的对象类型为“类型说明符 [长度]”。应注意“(* 指针变量名)”两边的括号不可少，如缺少括号则表示的是指针数组(本章后面 6.5 节将介绍指针数组)，意义就完全不同了。

例如:定义一个指向第二维长度为4的二维数组指针变量p:

```
int a[3][4];
int (*p)[4];  //定义p指向的对象类型为int [4],是一维数组长度为4的行指针
p=a;   //指向第0行a[0]
p+1;   //指向第1行a[1]
```

而

```
p+i;   //指向第i行a[i]
```

通过二维数组的行指针变量,间接访问数组元素a[i][j]的一般形式为:

```
*(*(p+i)+j)或p[i][j]
```

例6-9 通过二维数组的行指针变量,输出二维数组元素。

```
#include <stdio.h>
void main() {
    int a[3][4]={{1,2,3,4},{5,6,7,8},{9,10,11,12}};
    int i,j;
     int (*p)[4];//定义二维数组的行指针变量
    p=a;
    for(i=0;i<3;i++)    {   //i表示行号
        for(j=0;j<4;j++)
          printf("%3d",*(*(p+i)+j));
        printf("\n");
    }
}
```

程序输出结果:

```
1  2  3  4
5  6  7  8
9  10  11  12
```

例6-10 将二维数组线性化成一维数组,通过一维数组的指针变量,输出二维数组元素。

解题思路:定义一维数组的指针变量int *p,其初值为二维数组的首地址。数组元素a[i][j]通过指针变量的存取形式为:*(p+i*n+j),其中n是二维数组的第二维的长度。

```
#include <stdio.h>
void main() {
    int a[3][4]={{1,2,3,4},{5,6,7,8},{9,10,11,12}};
    int (*p);                  //定义一维数组的指针变量
    int i,j;
    p=a;                       //或p=a[0];    或p=&a[0][0];
    for(i=0;i<3;i++)    {      //i表示行号
        for(j=0;j<4;j++)
            printf("%2d",*(p+i*4+j));
        printf("\n");
```

```
    }
}
```

上述程序段的执行，也将分三行输出二维数组的所有元素的值。上述程序中的主干代码还可以写成：

```
for(p = a[0];p<a[0] + 12;p++)
  { if((p - a[0]) % 4 == 0) printf("\n");
      printf(" % 4d", * p);
}
```

程序将完成同样的功能。

6.3.6　函数参数为访问二维数组的指针

通过函数形参对二维数组进行读写时，往往将函数的形参定义为访问二维数组的行指针变量，形参的定义形式为：

type (* p)[len]或 type p[][len]

该形参对应的实参为二维数组名，且数组元素类型为 type、第二维长度为 len。

例 6-11　完成给二维数组各元素赋值为对应元素的下标 i+j，将此功能定义为函数 f。

```
#include <stdio.h>
#define colLen 4
f(int ( * a)[colLen],int n) {   //或 f(int a[][colLen],int n)
  int i,j;
  for (i = 0;i<n;i++)
      for (j = 0;j<colLen;j++)
        a[i][j] = i + j;


}
p(int ( * a)[colLen],int n) {   //或 f(int a[][colLen],int n)
  int i,j;
  for (i = 0;i<n;i++) {
    for (j = 0;j<colLen;j++)
        printf(" % 3d", * ( * (a + i) + j));
      printf("\n");
  }
}
void main() {
int a[10][colLen],b[5][colLen];
f(a,10); f(b,5);
p(a,10); p(b,5);
}
```

程序运行输出结果：

```
0  1  2  3
1  2  3  4
2  3  4  5
3  4  5  6
4  5  6  7
5  6  7  8
6  7  8  9
7  8  9  10
8  9  10  11
9  10  11  12

0  1  2  3
1  2  3  4
2  3  4  5
3  4  5  6
4  5  6  7
```

6.3.7 二维数组综合程序设计举例

例 6-12 构造杨辉三角形。

解题思路:将杨辉三角形放在二维数组 yanghui 中。杨辉三角形各元素的特点如下:

yanghui[i][j]=yanghui[i−1][j−1]+ yanghui[i−1][j]　当 i>0,j>0,j<i

=1　当 j=0 或 j=i

程序代码:

```
#include <stdio.h>
#define N 6
void printTriangle(int (*yanghui)[N]) {           //打印杨辉三角形
int i,j;
for(i=0;i<N;i++){                                 //外循环控制打印的行数
        for(j=0;j<=i;j++)                         //内循环控制打印第 i 行
          printf("%d\t", *(*(yanghui+i)+j));
   printf("\n");
}
}
void makeYangHui(int (*yanghui)[N]) {             //生成杨辉三角形放入二维数组
    int i,j;
for(i=0;i<N;i++)                                  //外循环控制行数
    for(j=0;j<=i;j++)  {                          //生成第 i 行数据
          if (j==0 || j==i)
          yanghui[i][j]=1;
```

```
        else if (j<i )
            yanghui[i][j]= yanghui[i-1][j-1]+ yanghui[i-1][j];
        else
            yanghui[i][j]=0;
    }
}
void main() {
int yanghui[N][N];
    makeYangHui(yanghui);
    printTriangle(yanghui);
}
```

程序运行结果如图 6-10 所示。

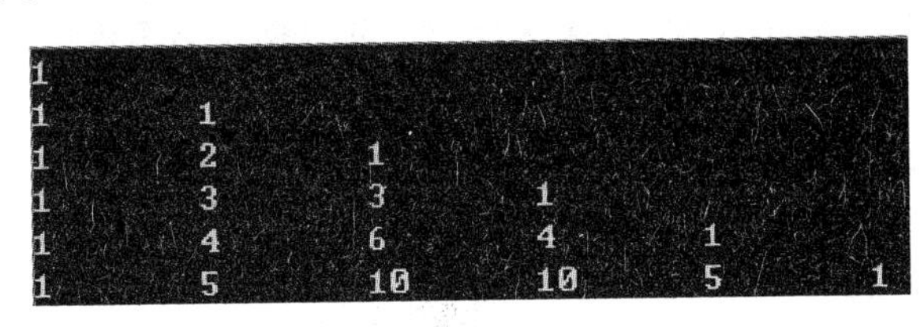
```
1
1    1
1    2    1
1    3    3    1
1    4    6    4    1
1    5    10   10   5    1
```

图 6-10　例 6-12 程序运行输出结果

6.4　字符数组

前面第 2 章已介绍，char 字符型数据是以一个字节的 ASCII 代码存储在内存单元中，C 语言的基本类型中没有字符串类型，字符串是存放在字符型数组中的。

6.4.1　字符数组的定义

用来存放字符类型的数组称为字符数组。定义字符数组的声明语句形式，与前面介绍的数值型数组相同。例如：

```
char c[10];
```

它定义含有 10 个 char 类型的数组元素，每个元素存放一个字符。

字符数组也可以是二维或多维数组，例如：

```
char c[5][10];
```

即为二维字符数组。

6.4.2　字符数组的初始化

在声明字符数组时，允许对数组元素作初始化赋值。例如：

```
char s[10]={'C',' ','p','r','o','g','r','a','m'};
```

如图 6-11 所示，数组 s 的内存分配和各元素的初值为：

s[0]	s[1]	s[2]	s[3]	s[4]	s[5]	s[6]	s[7]	s[8]	s[9]
67	32	112	114	111	103	114	97	109	0

图 6-11 字符数组 s 的内存分配和初值

其中 s[9]在初始化列表中没有被赋初值,则由系统自动赋默认值 0 或'\0'。转义字符'\0'的机内编码值是 0。

初始化时,也可将字符串常量赋给字符型数组。例如:

char s[10]="C program";或 char s[ ]={"C program"};

s 的各元素的初值同图 6-11。但在声明数组后,不可用赋值语句给字符数组名赋值,例如:

char s[10];

s="C program";

是错误的。

在定义数组时,若省略数组长度,编译系统会自动根据初值个数确定数组长度。例如:

char s[]={'C',' ','p','r','o','g','r','a','m'};

则数组 s 的元素个数为 9,注意这时 s 没有字符串结尾标志字符'\0'。

例如:

char s[]="C program";

则数组 s 的长度为 10,s 的最后一个字节字符为'\0'。也就是说用字符串方式赋值比用字符逐个赋值要多占一个字节,用于存放字符串结束标志'\0'。

注意当字符型数组用于存放字符串时,最好多留一个字节存放字符串的结尾字符'\0',这对于字符串的输入和输出时用数组名作为参数是必需的。

6.4.3 字符数组元素的表示方法

引用字符数组的一个元素,就像引用一个字符型的基本变量一样。

例 6-13 输出字符数组中的各个字符和内存存储的 ASCII 代码。

```
#include <stdio.h>
void main() {
    int i;
    char s[20] = "I am a student.";
    for (i = 0;i<20;i ++ )
        printf(" % - 4c",s[i]);
    printf("\n");
    for (i = 0;i<20;i ++ )
        printf(" % - 4d",s[i]);
}
```

程序执行结果如图 6-12 所示。

从上面程序运行结果可看到,数组 s 的最后 5 个元素 s[15]~s[19]内容都是 0。这是因为数组初始化时 s[15]存放结尾标志符'\0',而 s[16]~s[19]被赋给默认值 0。

```
I       a    m        a        s    t    u    d    e    n    t    .
73  32  97  109  32  97  32  115  116  117  100  101  110  116  46  0  0  0  0  0
```

图 6-12　例 6-13 程序运行输出结果

6.4.4　字符数组的输入与输出

字符数组的输入/输出可通过下面三种方式进行。

1. 在 printf 函数和 scanf 函数中，使用格式符为“%c”，结合循环语句对数组逐个地输入和输出每个字符。

例 6-14　使用格式符“%c”，对字符数组进行输入/输出。

```
#include <stdio.h>
void main() {
    int i = 0,k;
    char s[100];
    printf("输入：");
    do {
        scanf("%c",&s[i]) ;
    } while (s[i++]!='\n');
    //最后一个字符 s[i-1]='\n'
    printf("输出：");
    for (k=0;k<i;k++)
        printf("%c",s[k]);
}
```

程序运行结果：

```
输入：String input.
输出：String input.
```

2. 在 printf 函数和 scanf 函数中，使用格式符“%s”，对字符数组一次性输入/输出字符串。

在 printf 函数中，使用格式符 “%s”，表示输入一个字符串。而对应的输出数据项是一维字符数组名。例如：

```
char s1[]="Java\nJava";
printf("%s\n",s1);
```

该语句的执行，将输出两行“Java”。在执行函数 printf(“%s”,s1) 时，按数组名 s1 找到首地址，然后逐个输出数组中各个字符直到遇到字符串终止标志‘\0’为止。

在 scanf 函数中，使用格式符“%s”，表示输入一个字符串，对应的输出数据项是字符数组名。例如：

```
char st[20];
scanf("%s",st);
```

由于定义数组的长度为 20，因此输入的字符串长度必须小于等于 19，以留出一个字节用于存放字符串结束标志'\0'。还要注意的是,当用scanf函数输入字符串时,字符串中不能含有空格,否则将以空格作为输入串的结束。如运行上面的输入语句,假如输入"How are you",则只有"How"赋给st,没有空格后面的内容。又如:

```
char s1[20],s2[20],s3[20];
scanf("%s%s%s",s1,s2,s3);
```

当输入一行"How are you",则以空格分段的三个字符串分别装入三个数组变量s1、s2和s3,scanf语句中的输入项应是字符数组名,例如:

```
char s [20];
scanf("%s",&s);
```

是错误的,因为s数组名代表数组的首地址,不能再在前面加运算符"&"。

3. 使用字符串处理函数gets和puts,对字符数组进行输入/输出。

(1) puts函数——输出字符串

puts函数的一般使用格式为:

```
puts (字符数组名);
```

其功能是:把字符数组中的字符串输出到显示器。例如:

```
char s1[] = "Java\nJava";
puts(s1);
```

输出结果为两行。puts函数完全可以由printf函数取代。当需要按一定格式输出时,通常使用printf函数。

(2) gets函数——字符串输入

gets函数的一般使用格式为:

```
gets (字符数组名);
```

其功能是:从标准输入设备键盘上输入一个字符串。

例6-15 利用函数gets和puts函数输入/输出一个字符串。

```
#include"stdio.h"
main(){
    char st[50];
    printf("input string:\n");
    gets(st);
    puts(st);
}
```

程序运行结果:

```
input string:
This is a book.
This is a book.
```

从程序运行结果可以看出,当输入的字符串中含有空格时,输出仍为全部字符串。说明gets函数并不以空格作为字符串输入结束的标志,而只以回车作为输入结束,这是与scanf函数的不同之处。

6.4.5　使用字符串函数处理字符串

C 语言提供了丰富的字符串处理函数，大致可分为字符串合并、修改、比较、转换、复制、搜索等。使用这些函数可大大减轻编程的负担。使用字符串函数时，程序应包含头文件"string. h"。下面介绍几个最常用的字符串函数。

1. strcat 函数——字符串连接

strcat 函数的一般使用格式：

```
char * strcat (char * str1,char * str2)
```

其功能是：把字符数组 str2 中的字符串连接到字符数组 str1 的字符串的后面。str2 也可为字符串常量。函数返回值是 str1 的首地址。

例 6-16　字符串连接的应用。

```
#include <stdio.h>
#include <string.h>
main(){
char st1[30] = "Your name:";
    char st2[10];
    printf("input your name:\n");
    gets(st2);
    strcat(st1,st2);
    puts(st1);
}
```

程序运行结果：

```
input your name:
Zhou ming
Your name: Zhou ming
```

在使用 strcat 函数时，要注意第一参数字符数组 str1 应定义足够的长度，否则不能全部装入被连接的字符串，且以'\0'结尾并填满剩余的尾部。

2. strcpy——字符串拷贝

strcpy 函数的一般使用格式：

```
char * strcpy (char * str1,char * str2)
```

其功能是：把字符数组 str2 中的字符串拷贝到字符数组 str1 中，相当于把一个字符串 str2 赋给 str1。str2 也可为一个字符串常量。例如：

```
char st1[15],st2[] = "C Language";
strcpy(st1,st2);
```

或

```
strcpy(st1, "C Language");
```

则 st1 的内容为"C Language"，st2 内容不变。

3. strcmp 函数——字符串比较

格式:

```
int strcmp(char * str1,char * str2)
```

其功能是:将两个字符串 str1 与 str2 自左至右逐个字符进行比较(按照 ASCII 码的大小比较),直到出现不同的字符或遇到'\0'为止,并返回比较的结果:

(1) 如果字符串 str1==字符串 str2,返回值 0;

(2) 如果字符串 str1>字符串 str2,返回值为一个正整数;

(3) 如果字符串 str1<字符串 str2,返回值为一个负整数。

本函数也可用于比较两个字符串常量,或比较字符数组和字符串常量。例如:

```
int i,j,k,l;
str1[5] = "123"; str2 = "123";
i = strcmp(str1,str2);
j = strcmp("Korea" ,"China");
k = strcmp(str1,"Beijing");
l = strcmp("张华","李小小")
```

则上述语句执行后 i=0,j>0,k<0,l>0。汉字将转换成对应的拼音字母后参加比较。

注意字符串比较不能用"==",而必须用函数 strcmp()完成。

4. strlen 函数——测字符串长度

strlen 函数的一般使用格式:

```
int strlen(char * str)
```

其功能是:测试字符串的实际长度(不含字符串结束标志'\0'),并作为函数返回值。例如:

```
char st[20] = "C language";
```

则 strlen(st)的返回值为 10,其中的空格也算一个字符。如 strlen("st") 的返回值为 2。

例如:

```
char s1[10] = "abcde", s2[] = "1240\0abdef";
```

则 strlen(s1)=5,即含有 5 个有效字符;sizeof(s1)=10,为 s1 分配的空间字节个数为 10。

strlen(s2)=4,因为在字符串的第一个结尾字符'\0'之前有 4 个字符"1230";sizeof(s2)=11,为 s2 分配的空间字节个数为 11,包括最后一个结尾字符'\0'。

5. strlwr 函数——转换为小写字母

strlwr 函数的一般使用格式为:

```
char * strlwr (char * str)
```

其功能是:将字符串中的全部大写字母转换成小写字母。lwr 是 lower 的缩写。

6. strupr 函数——转换为大写字母

strupr 函数的一般使用格式为:

```
char * strupr (char * str)
```

其功能是:将字符串中的全部小写字母转换成大写字母。upr 是 upper 的缩写。

7. strstr 函数——寻找子串出现的位置

strstr 函数一般使用格式:

```
char * strstr(char * str1,char * str2)
```

其功能是:找出字符串 str2 在字符串 str1 中第一次出现的位置,返回该位置的指针,如找不到,则返回空指针。

例 6-17　字符串函数的应用。

```
#include <stdio.h>
#include <string.h>
main(){
    char s1[50] = "I am ";
    char s2[20] = "in China 3";
    char *p;
    char s3[20];
    strcpy(s3,s2);
    printf("s3 = %s\n",s3);
    if (strcmp(s3,s2) == 0)
        printf("s3 is equal to s2.\n");
    else
        printf("s3 is not equal to s2.\n");
    strcat(s1,s2);
    printf("s1 = %s,length = %d\n",s1,strlen(s1));
    p = strstr(s1,"in");
    if (p! = NULL)
        printf("%c%c\n", *p, *(p+1));   //显示 p 指向的两个字符
    p = strstr(s1,"In");
    if (p == NULL)
        printf("p is NULL.\n");
    strlwr(s1);
    strupr(s2);
    printf("strlwr(s1) = %s , strupr(s2) = %s\n",s1,s2);
}
```

程序运行结果如图 6-13 所示。

```
s3=in China 3
s3 is equal to s2.
s1=I am in China 3,length=15
in
p is NULL.
strlwr(s1)=i am in china 3 , strupr(s2)=IN CHINA 3
```

图 6-13　例 6-17 程序运行输出结果

例 6-18　输入一行文字,统计其中含有多少个单词,单词之间用空格分隔。

解题思路:从左到右扫描一行文字,碰到一个单词的开始处,将计数器 counter 加 1。具体过程如下:

(1) 用函数 gets 输入一行文字,并放入一维数组 char line[100]中。

(2) 变量分配:wordBegin 用来标识单词的开始处;counter 是单词个数计算器;i 指向 line 中扫描的当前字符。

(3) 从左到右扫描 line,碰到一个单词的开始处,将计数器 counter 加 1。具体过程为:扫描 line 的当前字符 line[i],进行判断:

(a) 当 line[i]为空格,则 wordBegin 置 1;

(b) 当 line[i]不为空格,判断是否是单词的开始的第一个字符:若 wordBegin==1 ,则为单词开始处,执行:counter 加 1,wordBegin 置 0。

重复(3)的条件为 line[i]! ='\0'。

程序代码:

```
#include <stdio.h>
#include <string.h>
void main() {
    char line[100],c;
    int i,counter = 0;
    int wordBegin = 1;
    gets(line);
    i = 0;
    while (line[i]!='\0'){
        if(line[i] ==' ')
            wordBegin = 1;
        else if(wordBegin == 1) { //碰到单词的开始字符
            wordBegin = 0;
            counter ++ ;
        }
        i++ ;
    }
    printf("the number of words is %d\n",counter);
}
```

程序运行结果:

```
I am a student
The number of words is 4
```

上面程序中,if 语句中的判断条件 line[i]==' '也可替换成字符处理函数 isspace(line[i])。要使用 C 语言中的字符处理函数,程序必须包含头文件 ctype.h。

8. ctype.h 中常用的一些字符处理函数

int isalpha(int c):测试 c 是否为字母。

int isdigit(int c):测试 c 是否为十进制数字。

int isalnum(int c):测试 c 是否为字母或数字。

int islower(int c):测试 c 是否为小写字母。

int isupper(int c)测试 c 是否为大写字母。

int ispunct(int c)测试 c 是否为标点符号。

int isspace(int c)测试 c 是否为空白。

这些函数的返回值有共同的特点:如果“真”则返回 1,否则返回 0。如 isalpha(‘a’)的值为 1。

6.4.6　用指针访问字符串

在 C 语言中,我们可以定义一个字符型的指针变量,并将一个字符串的地址赋给该指针变量。然后通过指针引用字符串。

1. 字符型指针变量指向一个常量字符串

例如:

```
char *p="C Language";
```

等效于

```
char *p;
p="Language";
```

则表示把字符串常量的首地址赋予 p。在 c 语言中,字符串常量是当作字符数组处理的,在内存开辟一个字符数组存放该字符串常量,但这个字符数组是没有名字的,只能通过指向该字符串的指针变量使用。

例 6-19　通过字符型指针变量输出一个字符串。

```
#include <stdio.h>
void main() {
  char *p;
  p="C Language";
  printf("%s\n",p);
}
```

运行结果为:

```
C Language
```

要注意的是:当一个字符型指针指向一个字符串常量后,就不能再赋值给它。例如:

```
char *ps;
ps="C Language";
ps="this is a book";     //是错误的
```

而当字符型指针指向一个变量时,可以再次赋值。例如:

```
char ch,a[10],*p;
p=&c;
p=a;  //允许
```

2. 字符型指针变量指向字符数组

例 6-20　从键盘输入一个字符串,判断是否含有某一字符。通过字符型指针变量操作字符数组中的各元素。

```
#include <stdio.h>
void main() {
```

```
    char st[20],*ps,ch;
    int i;
    printf("input a string:\n");
    ps=st;
    scanf("%s",ps);
    fflush(stdin); //清除输入缓冲区中回车字符
    printf("input a char:\n");
    //ps=st;
    scanf("%c",&ch);
    for(i=0;*(ps+i)!='\0';i++)
        if(*(ps+i)==ch){
            printf("there is a '%c' in the string\n",ch);
            break;
        }
    if(ps[i]=='\0') printf("there is not '%c' in the string\n",ch);
}
```

程序运行结果如图6-14所示。

```
input a string:
programe
input a char:
m
there is a 'm' in the string
```

图6-14 例6-20程序运行输出结果

3. 字符型指针变量作为函数参数

例6-21 编制一个函数完成:把一个字符串的内容复制到另一个字符串。

解题思路:定义一个函数strcopy(char *pd,char *ps),形参为两个字符指针变量,ps指向源字符串,pd指向目标字符串。字符串之间的复制操作可用下列语句完成:

```
while((*pd=*ps)!='\0'){pd++;ps++;}
```

仔细分析上面这段代码,可以等效地精简为:

```
while ((*pd++=*ps++)!='\0');
```

还可进一步地精简为:

```
while(*pd++=*ps++);
```

程序代码:

```
#include <stdio.h>
strcopy(char *pd,char *ps){
  while (*pd++=*ps++);
}
main(){
  char *pa="CHINA",b[10];
  strcopy(b,pa);
```

```
    printf("string a = %s\nstring b = %s\n",pa,b);
}
```

程序运行结果：

```
string a = CHINA
stringb = CHINA
```

6.4.7　字符串的综合程序设计举例

例 6-22　输入一组国家的名称，将它们按字母顺序排列输出。

解题思路：将输入的一组国家名存放在一个二维字符数组 cs[N][20]中。把二维数组 cs 看作由 N 个一维字符数组 cs[0]，cs[1]，cs[2]，…，cs[N－1]组成。由于每个一维数组存放的是一个国家名字符串。用字符串比较函数比较各一维数组的大小，并排序、输出结果。

程序代码：

```
#include <stdio.h>
#include <string.h>
#define N 5
void main(){
     char cs[N][20],st[20];
     int i,j,p;
     printf("input five country's names:\n");
     for(i = 0;i<N;i++)
        gets(cs[i]);
     printf("\n");
     for(i = 0;i<N;i++)   {
        p = i;
        for(j = i + 1;j<N;j++)
            if(strcmp(cs[j],cs[p])<0)
            p = j;
        if(p!= i){
            strcpy(st,cs[i]);
            strcpy(cs[i],cs[p]);
            strcpy(cs[p],st);
          }
          puts(cs[i]);
}
printf("\n");
}
```

程序运行结果如图 6-15 所示。

例 6-23　将一个十进制整数转换成 *R* 进制的整数。*R* 进制可为二进制、八进制、十六进制等。

```
input five country's names:
China
Taiwan
American
Britain
Korea

American
Britain
China
Korea
Taiwan
```

图 6-15　例 6-22 程序运行输出结果

解题思路:可采用除以 R 取余法。即十进制数连续地除以 R,其余数序列的反序即为相应 R 进制数的各位数字。

程序中变量分配:numberToConvert 存放十进制整数,base 存放 R 进制,int convertedNumber[64]存放转换 R 进制后的各位数字,digit 存放转换后的位数。它们定义为全局变量,便于各函数共享。

程序中定义三个函数:

void getNumberAndBase():输入要转换的十进制整数和转换的进制。

void convertNumber(void):将十进制数 numberToConvert 转换成 base 进制,转换后的各位先放入数组 convertedNumber,位数放入 digit。

void displayConvertedNumber(void):显示转换成 R 进制的结果。函数将根据 digit 和 base、convertedNumber 显示结果。

程序代码:

```
#include <stdio.h>
int convertedNumber[64];
long int numberToConvert;
int base;
int digit;
//输入要转换的数和转换的进制
void getNumberAndBase() {
    printf("Number to be converted:");
    scanf("%li",&numberToConvert);
    printf("Base:");
    scanf("%i",&base);
}
//转换 base 进制后的各位,放入数组 convertedNumber,位数放入 digit
void convertNumber(void) {
    do {
      convertedNumber[digit] = numberToConvert % base;
      ++digit;
      numberToConvert/ = base;
```

```
        }
        while (numberToConvert!= 0);
    }
    //显示转换 base 进制后的结果
    void displayConvertedNumber(void) {
        const char baseDigits[16] = {'0','1','2','3','4','5','6','7','8','9','A','B','C',
'D','E','F'};
        int nextDigit;
        printf("Converted number = ");
        for (--digit;digit>= 0;digit--) {
            nextDigit = convertedNumber[digit];          //取一个数位
            printf("%c",baseDigits[nextDigit]);          //转换成对应的字符显示
        }
        printf("\n");
    }
    void main(void) {
        getNumberAndBase();
        convertNumber();
        displayConvertedNumber();
    }
```

程序运行结果：

```
Number to be converted: 120
Base: 2
Converted number = 1111000
```

6.5 指针数组与 main 函数的参数

6.5.1 指针数组的定义

指针数组是指数据类型为指针类型的数组，声明指针数组的一般格式为：

数据类型 * 数组名 [常量表达式];

例如：

```
int *p[3];
```

表示 p 是一个指针数组，它有三个数组元素，每个元素值都是一个指针，指向整型变量。由于 [] 比 * 的优先级高，p[3]的数据类型为 int *。这里要注意区分指针数组声明与行指针声明格式上的不同，例如：

```
int (*p)[5];
```

它表示声明一个指向一维数组(长度为5)的指针变量。

指针数组常用来表示一组字符串，这时指针数组的每个元素被赋予一个字符串的首地址。指向字符串的指针数组的初始化更为简单。

例6-24 字符型指针数组存放一组字符串的应用:从键盘输入一个数字,转换成星期几输出。

```
#include <stdio.h>
char *day_week(char *name[],int n);
main(){
      char *week[] = { "Illegal day","Monday","Tuesday",
                          "Wednesday","Thursday","Friday","Saturday","Sunday"};
      char *ps;
      int i;
      printf("Input Day No:\n");
      scanf("%d",&i);
      ps = day_week(week,i);
      printf("Day No:%2d----> %s\n",i,ps);
}
char *day_week(char *name[],int n){
    return (n<1||n>7)? name[0]:name[n];
}
```

程序运行结果:

```
Input Day No:
5
Day No:5----> Friday
```

上面程序中定义的函数char *day_week(char *name[],int n),用来完成将数字转换成星期几,函数的第一个参数是指针数组,函数的返回类型为指针类型,返回值为指针数组name中第n号元素,即星期的字符串名。

指针数组可用来操作一个一维数组或二维数组。这时指针数组中的每个元素被赋予数组元素的地址。

例6-25 通过指针数组访问一个一维数组。

```
#include <stdio.h>
main(){
    int a[3] = {1,2,3};
    int *pa[3] = {&a[0],&a[1],&a[2]};
    int **p;                              //声明二级指针
    int i;
    printf("通过指针数组访问指向的对象:\n");
    for(i = 0;i<3;i++)
      printf("%d",*pa[i]);
    printf("\n通过二级指针访问指针数组指向的对象:\n");
    p = pa;  //指针数组名被赋给二级指针
```

```
    for(i = 0;i<3;i++)
      printf("%d ",**p++);  //通过二级指针访问数组元素指向的对象
    printf("\n");
}
```

程序运行结果为：

```
通过指针数组访问指向的对象：
1 2 3
通过二级指针访问指针数组指向的对象：
1 2 3
```

6.5.2　main 函数的参数

前面介绍的 main 函数都是不带参数的。C 语言规定不带参数的 main 函数头形式为：

void main ()或 int main()

而实际上，main 函数是可以带参数的。带参数的 main 函数头的形式为：

main (int argc,char *argv[])

第一个形参 argc 是整型变量，代表命令行中参数的个数，第二个形参 argv 是字符型指针数组，表示命令行的各参数内容。

由于 main 函数不能被其他函数调用，所以在程序内部是不可能将实际值传给 main 函数的。实际上，main 函数的参数值是从操作系统命令行上获得的。当我们要运行一个可执行文件时，在 DOS 提示符下先键入文件名，后面带上实际参数，即可把这些实参传送到 main 的形参中。

DOS 命令行的一般书写形式为：

```
可执行文件名　参数1　参数2…参数n
```

其中：各参数之间至少用一个空格分隔。

例 6-26　main 函数的参数应用。

```
// exe3.c 文件的源代码：
main(int argc,char *argv[]){
  while(argc>=1) {
    printf("%s\n",*argv++);  argc--; }
}
```

exe3.c 经过编译、连接后生成可执行文件名为 exe3.exe。切换到 DOS 命令行状态，并将当前目录改为 exe3.exe 文件所在的目录(用 cd 命令)，然后输入命令行：

```
exe3  Java  Fortran  Basic
```

则程序运行输出结果为：

```
exe3
Java
Fortran
Basic
```

1. 在 Visual Studio 2017 环境下如何直接生成可执行文件.exe

在 Visual Studio 2017 环境下设置项目生成发布(Release)版本,这样就可以在当前项目目录下的子文件夹“Release”中生成可执行文件了。其操作步骤如下:

(1) 项目打开后,在 Visual Studio 2017 的主窗口的工具栏上,单击“Debug”的下拉式菜单中“Release”项,如图 6-16 所示。最后对整个项目重新生成解决方案。

(2) 观察项目目录下的子文件夹“Release”中的文件,看到有可执行文件“ch6. exe”(假设项目名称为 ch6 时),可执行文件名与项目名同名。

(3) 切换到 DOS 命令行状态,并将当前路径改为 ch6. exe 文件所在的目录名(用 cd 文件夹名),然后输入命令行:

```
ch6  Java  Fortran  Basic
```

就可得到程序运行的结果。

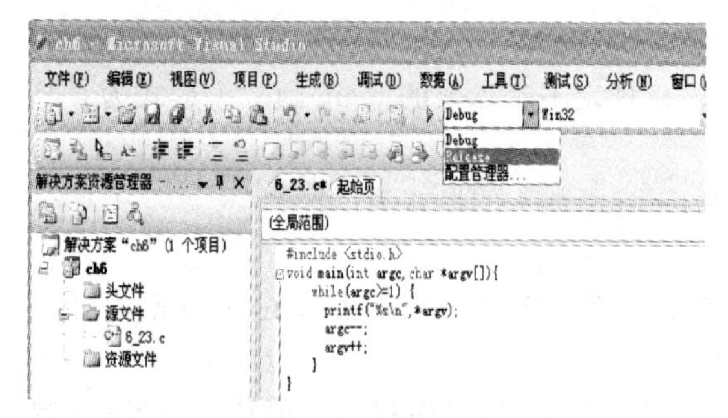

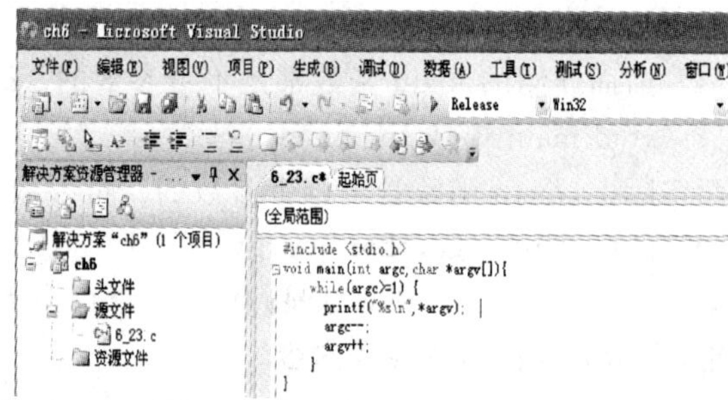

图 6-16 Visual Studio 2017 环境下设置项目生成发布版本

2. 在 Visual Studio 2017 环境下如何设置项目的命令行参数

在 Visual Studio 2017 环境下,设置项目命令行参数的步骤如下:

(1) 选择“项目”→“属性”进入项目属性设置对话框,如图 6-17 所示,单击“调试”,在“命令参数”中输入用空格分隔的参数表“Java Fortran Basic”。

(2) 对项目重新生成解决方案。

(3) 选中“调试→开始运行”,即可得到运行结果。

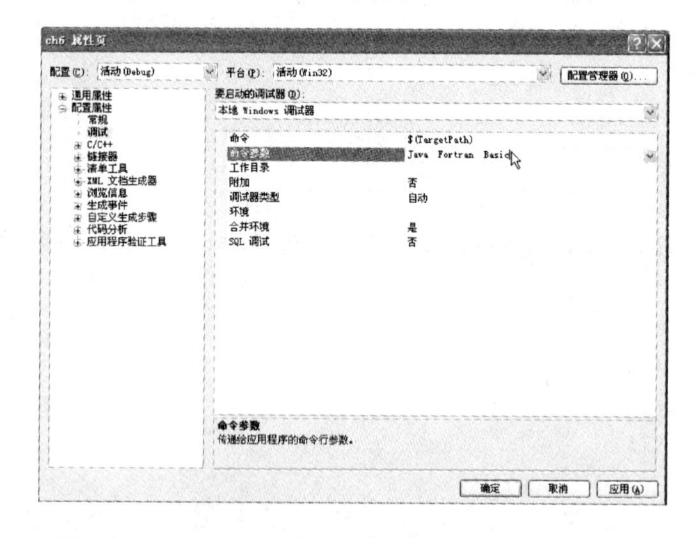

图 6-17 Visual Studio 2017 环境下设置项目的命令行参数

6.6　内存的动态分配与释放

在此之前我们讨论了程序中定义的简单变量、数组变量等，它们的内存空间在编译阶段就已经确定，在程序装入内存运行之前，这些变量占用的内存空间就已经分配，这种分配称为静态内存分配。所谓动态分配是指用户可以在程序运行期间根据需要申请或释放内存，大小也完全可控。而在程序运行期间，根据需要申请分配适量的内存空间，以存放一些数据，程序不再使用这一部分空间时，再归还给操作系统，这称为动态内存的分配与释放。

C 语言通过提供的库函数实现内存的动态分配与释放，主要有函数 malloc 和 free 等，这些函数的声明包含在 stdlib. h 头文件中，使用时应用 # include 指令把 stdlib. h 头文件包含到程序文件中。这些函数调用时需要用到 void 类型的指针。

6.6.1　void 指针类型

void 类型的指针变量，可以指向任何类型的指针。其声明语句的格式为：

```
void *变量名;
```

例如：

```
void *pv;                    //声明 void 类型的指针变量
int  *pint; int i;
void main( )                 //void 类型的函数没有返回值
{pv = &i;                    //void 类型指针指向整型变量
pint = (int *) pv;           //void 指针赋值给 int 指针需要类型强制转换
}
```

需要注意的是，void 关键字可以修饰指针变量，可以修饰函数，但不能修饰非指针变量。例如：

```
void  var;
```

是错误的。

6.6.2　动态内存的申请

malloc 函数用于动态申请内存，其一般使用格式为：

```
void *malloc(unsigned int size);
```

其作用是在内存的堆区分配长度为 size 个字节的连续空间，如果分配内存成功，函数返回新分配内存的首地址；如果申请失败（如内存大小不够），返回 NULL（空指针）。例如：

```
void *p;
p= malloc( 500 );
```

执行成功时，将申请 500 个字节的内存空间。

malloc()函数返回的类型是 void *，用其返回值对其他类型指针赋值时，必须进行显示转换。size仅仅是申请字节的大小,并不管理申请内存块中存储的数据类型,因此申请内存的长度必须由程序员通过"长度 * sizeof(类型)"的方式给出。例如:

```
int* p = (int*)malloc(5 * sizeof(int));
```

系统将开辟一块能存储5个int数据的内存,并用首地址初始化指针p,在Visual Studio编译器下,开辟内存大小为20 B。

鉴于动态内存申请不一定总是成功,在每次进行动态内存申请时,进行判断申请是否成功是个好的编程习惯,例如:

```
int* p = (int*)malloc(5 * sizeof(int));
if(p == NULL){
…   /* 内存申请出错  应对措施 */
}
else{
…   /* 申请成功时的操作 */
}
```

6.6.3 动态内存的释放

释放动态申请内存的函数free,一般使用格式为:

```
void free(void* p);
```

其中,p是指向所申请内存块的指针,系统可以完成由其他类型指针向void类型指针的转化,因此直接使用"free(指针);"就可以实现内存的释放。

当动态分配的内存不再需要使用时应该被释放,这样可以被重新分配使用。分配内存但在使用完毕后不释放将引起内存泄漏(memory leak)。

例6-27 动态内存申请与释放的应用。

```
#include <stdlib.h>
#include <string.h>
#include <stdio.h>
void main() {
    char *p; int i = 0;
    p = (char*)malloc(20 * sizeof(char));
    if(p == NULL){
        printf("内存申请失败,退出。");
        return;
    }
    strcpy(p,"welcome");
    for (i = 6;i >= 0;i--)
        putchar(*(p + i));
    printf("\n");
    free(p);
}
```

程序运行输出结果：

```
emoclew
```

上面程序在赋值和显示时，采用了"＊(p＋i)"来间接访问内存，而不是诸如"p＋＋"的形式，避免对指针 p 的修改，这是为了后面释放内存的需要。malloc 和 free 配合使用，传递给 free 的指针值一定要和 malloc 返回的值相等。

6.7 本章小结

数组是程序设计中最常用的数据结构，利用数组，可以很好地为程序组织起循环。

数组按下标的个数分为一维数组、二维数组和多维数组。

数组的声明由类型说明符、数组名、数组长度（数组元素个数）三部分组成。数组元素又称为下标变量。数组的类型是指下标变量取值的类型。

数组的赋值可以使用数组初始化列表赋值、输入函数动态赋值和赋值语句三种方法实现。在用赋值语句赋值时，必须结合循环语句逐个对数组元素进行赋值。

数组的算法有插入、修改、删除、查询以及排序等。数组元素的访问可通过下标变量或通过指针变量进行。

C 语言中用字符型数组表示一个字符串。字符串的结尾标志符为'\0'。C 语言系统中提供了一组库函数以对字符串进行操作。

内存的动态分配是指在程序运行过程中可通过 C 语言库函数申请或释放的内存空间。

习　题

6.1　选择题

(1) 以下程序段：

```
char name[20];   int num;   scanf("name = %s num = %d",name;&num);
```

当执行上述程序段并从键盘输入：name＝Lili num＝1001＜回车＞后，name 的值为(　　)。

A) Lili　　B) name＝Lili　　C) Lili num＝　　D) name＝Lili num＝1001

(2) 以下程序，运行时若输入：how are you? I am fine＜回车＞，则输出结果是(　　)。

```
#include <stdio.h>
main()
{ char a[30],b[30];
scanf("%s",a);
gets(b);
printf("%s\n %s\n",a,b);
}
```

A) how are you?
　I am fine

B) how
　are you? I am fine

C) how are you? I am fine

D) how are you?

(3) 以下程序运行后的输出结果是(　　)。

```
#include <stdio.h>
main () {
char s[] = "012xy\08s34f4w2";
int i,n = 0;
for(i = 0;s[i]! = 0;i ++ )
  if(s[i]> = '0'&&s[i]< = '9') n ++ ;
printf(" % d\n",n);
}
```

A) 0　　B) 3　　C) 7　　D) 8

(4) 设有定义:double x[10], * p=x;,以下能给数组 x 下标为 6 的元素读入数据的正确语句是(　　)。

A) scanf("%f",&x[6]);　　B) scanf("%lf", * (x+6));

C) scanf("%lf",p+6);　　D) scanf("%lf",p[6]);

(5) 若有定义语句:char s[3][10], (* k)[10], * p;,则以下赋值语句正确的是(　　)。

A) p=s;　　B) p=k;　　C) p=s[0];　　D) k=s;

(6) 有以下程序

```
#include <string.h>
main(int argc,char * argv[])
{int i = 1,n = 0;
while(i<argc){n = n + strlen(argv[i]);i ++ ;}
printf(" % d\n",n);
}
```

该程序生成的可执行文件名为:proc.exe。若运行时输入命令行:

proc 123 45 67

则程序的输出结果是(　　)。

A) 3　　B) 5　　C) 7　　D) 11

6.2　已知 a 所指的数组中有 N 个元素。函数 fun 的功能是将下标 $k(k>0)$开始的后续元素全部向前移动一个位置。请填空。

```
void fun(int a[N],int k)
{ int i;
      for(i = k;i<N;i ++ )
          (a)____________
}
```

6.3　写出以下程序运行的输出结果

(1)

```
#include <stdio.h>
main()
{ int i,n[5] = {0};
  for(i = 1;i< = 4;i ++ )
```

```
{ n[i]==n[i-1]*2+1; printf("%d",n[i]); }
printf("\n");
}
```

(2)

```
#include<stdio.h>
#include <string.h>
#include <stdlib.h>
main()
{ char *p; int i;
  p=(char *)malloc(sizeof(char)*20);
  strcpy(p,"welcome");
  for(i=6;i>=0;i--) putchar(*(p+i));
    printf("\n"); free(p);
}
```

(3)

```
#include<stdio.h>
main() {
    int a[3][3],*p,i;
    p=&a[0][0];
    for(i=1;i<9;i++) p[i]=i+1;
    printf("%d\n",a[1][2]);
}
```

(4)

```
#include<stdio.h>
main(){
  int x[3][2]={0},i;
  for(i=0;i<3;i++) scanf("%d",x[i]); //x[i]代表 x[i][0]地址
  printf("%2d%2d%2d\n",x[0][0],x[0][1],x[1][0]);
}
```

6.4　编写程序完成以下功能。

(1) 接受用户输入的一组数放入数组中。

(2) 定义函数 void printList(int a[],int n)完成:显示整个数组元素。

(3) 定义函数 void maxMin(int *a,int n)完成:比较并输出其中的最大值、最小值及其下标。

(4) 定义函数 int search(int a[],int n,int element)完成:用顺序查找法查找数组中指定的元素,若找到返回其下标;若找不到,则返回−1。

(5) 定义函数 void delElement(int *a,int n,int element)完成:删除数组中指定的一个元素。

6.5　分别编写函数完成下列任务。

(1) 用选择法对存放在数组中的 N 个数排序。

选择法的基本思想:对 N 个数排序,先从 N 个数中选出最小数,与第 1 个数交换位置;然

后，从剩余的 $N-1$ 个数中找出最小数，与第 2 个数交换位置；依次类推，确定了前 $N-1$ 个位置应该放置的数据，数组即可完成排序。

(2) 对数组中的已排序的一组数，插入一个数后仍然保持有序。

6.6　用筛选法求 100 之内的素数，要求结果显示时每行 10 个素数。

所谓筛选法就是把 1～100 之间的 100 个数放在一张纸上，找出不是素数的就把它挖掉，不断重复这个筛选过程(即是 2 的倍数的数挖掉；是 3 的倍数的数挖掉……直至 sqart(100)的倍数的数挖掉)，最后剩下的就是素数。

6.7　将 n 个人围成一圈，顺序编号，从第一个人开始从 1 到 3 挨个报数，凡报到 3 的人从圈子出来，问最后留下的是原来的第几号人?

6.8　编写一个程序，输出一个字符串的逆转串。如输入“ABCDE”，输出“EDCBA”。

6.9　编写一个函数：查找一个字符串中的子串第一次出现的位置。

6.10　编写函数 void fun(char *w,int m)，其功能是移动字符串中的内容，移动的规则如下：把第 1 到第 m 个字符平移到字符串的最后，把第 $m+1$ 到最后的字符移到字符串的前部。

6.11　编写函数完成：从字符串中删除指定的字符。

6.12　编写函数 int fun(char *str)，其功能是：判断字符串是否为回文，若是则函数返回 1，主函数中输出 yes，否则返回 0，主函数中输出 no。回文是指顺读和倒读都是一样的字符串。

6.13　请编写一个函数 void fun(int tt[m][n],int pp[n])，tt 指向一个 m 行 n 列的二维数组，求出二维数组每列中的最小元素，并依次放入 pp 所指定的一维数组中。二维数组中的数在主函数中赋予。

6.14　求出一个二维数组中的鞍点，即该位置上的元素在该行上最大、在该列上最小，一个数组也可能没有鞍点。

6.15　请编写函数 fun，完成功能：将 m 行 n 列的二维数组中的字符数据，按行的顺序依次放到一个字符串中。

6.16　计算一个 3×4 阶矩阵和一个 4×3 阶矩阵相乘，并打印出结果。

6.17　已知某班有 N 个学生的信息，包括姓名、学号，以及英语、C 语言、数学三门课的成绩，编写程序完成以下功能。

(1) 输入全班学生的姓名、学号和三门课成绩，并计算每个学生 3 门课的总分。

(2) 统计各科的总成绩。

(3) 当给出学生姓名或学号时，检索出该生每门功课的成绩及总成绩。

6.18　编写程序完成以下功能：

(1) 对 n 个字符开辟动态存放的空间；

(2) 从键盘输入字符串存入此空间；

(3) 将此空间的字符串按字典的排序并显示；

(4) 释放此空间。

第7章　用户自定义类型

本章讨论的用户自定义数据类型包括结构体、联合体、枚举型。重点介绍了每种构造类型的定义和应用实例，并介绍了 typedef 的使用。

7.1　结构体类型

实际问题中，一组相关的数据往往具有不同的数据类型。例如，在学生登记表中，每个学生的信息由学号、姓名、性别、成绩等数据项组成。其中姓名为字符数组类型；学号可为整型或字符型；性别为字符型；成绩为整型或实型。由于各个数据项的类型不一样，显然不能用数组来存放这一组相关的数据，因为数组中各元素的类型都必须要一致。为了解决这个问题，C 语言中给出了另一种构造数据类型，即结构体类型。

结构体是由不同类型数据项组成的构造类型，它相当于文件系统中的记录。

7.1.1　定义结构体类型

声明结构体类型的一般形式为：

```
struct  结构体名
{  类型1  成员名1;
   类型2  成员名2;
    ⋮
   类型n  成员名n;
};
```

其中{}括住的是由若干个成员组成的成员列表，各个成员项可以像声明变量那样定义成员变量的类型和名字，应注意在右括号"}"后的分号是不可少的，最后一个成员项声明语句的分号也不能少。例如：

```
struct stu
{
  int num;
  char name[20];
  char sex;
  float score;
};
```

上面语句段定义了一个结构体类型 struct stu，它是由四个成员（即学号 num、姓名 name、性别

sex 和成绩 score)组成各个成员的数据类型可不相同。

结构体类型一旦定义之后,就可作为一个类型名使用,这和基本类型如 int、long、float 等一样使用。结构体类型的使用格式为:

```
struct 结构名
```

例如,结构体的变量 s1 的声明语句为:

```
struct stu s1;
```

这里要注意的是作为结构体类型名时,前面的 struct 不能省略。

结构体类型中的每一个成员既可以是一个基本数据类型,也可以是一个结构体类型。这就形成了嵌套的结构体定义。例如:

```
struct Date
{ int year; int month;  int day;
};
struct Student
{
    int num;
    char name[20];
    char sex;
    struct Date birthdate;
    float score;
};
```

上面定义了一个嵌套的结构体类型 struct Student,其中成员变量 birthdate 的数据类型 struct Date 是一个结构体类型。当成员又是一个结构体时,就构成了嵌套的结构体类型。

7.1.2 定义结构体变量

定义结构体变量有以下三种方法,以前面定义的 struct stu 为例来加以说明。

1. 先定义结构体类型,再声明结构体变量

例如,前面已声明的结构体类型 struct stu,用于定义两个结构体变量 boy1 和 boy2 的语句为:

```
struct stu boy1,boy2;
```

在 Visual Studio 的环境下,编译声明语句时,分配给变量 boy1 或 boy2 的存储空间结构如图 7-1 所示。它们的存储空间大小为 29 个字节,即 sizeof(boy1)=sizeof(struct stu)=29,它等于分配给全部成员变量的存储空间之和。空间大小的具体计算公式为:

29=4(int num)+20(char name[20])+1(char sex)+4(float score)

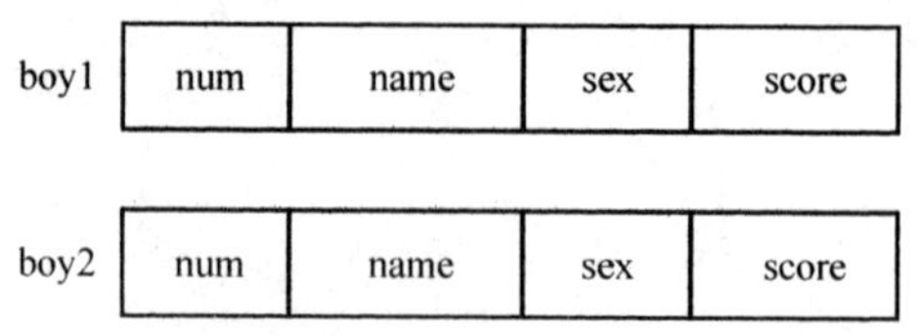

图 7-1 结构变量 boy1 和 boy2 的内存分配

2. 在定义结构体类型的同时,定义结构体变量

例如:

```
struct stu
{
    int num;
    char name[20];
    char sex;
    float score;
}boy1,boy2;
```

它既定义了结构体类型 struct stu,同时又定义了该结构类型的两个变量 boy1 和 boy2。

3. 不指定类型名而直接定义结构体变量

例如:

```
struct
{
    int num;
    char name[20];
    char sex;
    float score;
}boy1,boy2;
```

第 3 种方法中省去了结构名,而直接给出结构体变量。上面 3 种方法声明的 boy1 和 boy2 变量都具有图 7-1 所示的结构。声明 boy1、boy2 变量都具备相同的结构体类型,声明后可向这两个变量中的各个成员赋值。

7.1.3　结构体变量的使用

在 C 语言中,除了允许具有相同类型的结构体变量相互赋值以外,一般对结构体变量的使用(包括赋值、输入、输出、运算等操作)都是针对结构体变量的成员来操作的。

使用结构体变量成员的一般形式为:

```
结构体变量名.成员名
```

例如:boy1. num,表示 boy1 的成员 num;boy2. sex ,表示 boy2 的成员 sex。

如果成员本身又是一个结构体变量,则必须逐级找到最低级的成员才能使用。例如:

```
struct Student s1;
s1.birthday.month = 6;
```

表示将 s1 的 birthday 中的成员 month 值设置为 6。使用结构体变量成员的规则,就像使用同类型的基本变量一样。如 s1. birthday. month 的使用规则等同于 int 类型的基本变量。

例 7-1　结构体变量的声明、赋值,以及输入和输出操作。

```
#include <stdio.h>
void main(void){
struct stu {
        int num;
```

```
            char name[20];
            char sex;
            float score;
        } boy1,boy2;
    printf("Input boy1: name num sex score\n");
    scanf(" %s  %d  %c  %f",boy1.name,&boy1.num,&boy1.sex,&boy1.score);
    boy2 = boy1;                //把 boy1 的各成员的值挨个地赋给 boy2 中的各个成员
    boy2.score = boy1.score + 10;//对成员变量的操作
    printf("boy2: num = %d,name = %s,sex = %c,score = %f\n",
    boy2.num,boy2.name,boy2.sex,boy2.score);
    }
```

程序运行结果如图 7-2 所示。

```
Input boy1: name num sex score
ZhangWei 1 f 70.5
boy2: num=1,name=ZhangWei,sex=f,score=80.500000
```

图 7-2　例 7-1 程序运行输出结果

程序说明如下。

(1) 输入语句:

```
scanf(" %s %d %c %f",boy1.name,&boy1.num,&boy1.sex,&boy1.score);
```

输入各成员变量的值,输入地址表中的 boy1.name 不能加取地址符“&”,因为 name 是字符数组名,输入格式串中以一个空格分隔格式说明符,则相应地,输入串时各数据之间要以一个空格分隔。

(2) 结构体变量之间的赋值语句:

```
boy2 = boy1;
```

把 boy1 的各成员变量的值对应地赋给 boy2 中的各成员变量。

(3) 成员变量的赋值语句:

```
boy2.score = boy1.score + 10;
```

是对成员变量的操作。修改 boy2 的成员 score 的值为 boy1.score+10。

(4) 最后一条语句是输出结构体变量 boy2 的值,是输出 boy2 的各个成员值。本例表示了结构变量的声明、赋值、输入和输出的方法。

7.1.4　结构体变量的初始化

结构体变量的初始化,是指在声明结构体变量的同时设置初值。例如:

```
struct stu
{
    int num;
    char *name;
    char sex;
    float score;
```

```
} boy1,boy2 = {102,"Zhang ping",'M',78.5};
```

它声明两个结构体变量 boy1 和 boy2，其中 boy1 没有被初始化，而 boy2 被初始化，即：

boy2. num＝102，boy2. name＝“Zhang ping”，boy2. sex＝‘M’，boy2. score＝78.5

由于结构体变量含有多个分量，所以赋初值要使用一对大括号“{}”括住初始化列表。

要注意：在声明结构体变量时可以通过初始化列表赋初值，但结构体变量一旦声明之后，就不能使用赋值语句给其整体赋值了。例如：

```
boy2 = {102,"Zhang ping",'M',78.5};
```

是错误的。

而赋值语句：

```
boy2.num = 102; boy2.name = "Zhang ping"; boy2.sex = 'M', boy2.score = 78.5;
```

是正确的。

```
boy2 = boy1;
```

也是正确的，因为是同类型的结构体变量之间的整体赋值。

对含有嵌套的结构体变量进行初始化。例如：

```
struct Student
{      int num;
       char name[20];
       char sex;
       struct Date birthdate;
       float score;
}s1 = {1,"Li hong",'M',{2012,5,30},78.5};
```

其中{2012,5,30}是对成员 birthdate 的初始化列表。即 birthdate. year＝2012，birthdate. month＝5，birthdate. day＝30。

7.2　结构体数组的使用

当数组的数据类型为结构体类型时，就构成了结构体数组。在实际应用中，经常用结构体数组来表示具有相同结构的一个群体。如某班的所有学生档案表，某单位全体职工的工资表等。例如：

```
struct stu boys[5];
```

声明了一个结构体数组变量 boys，共有 5 个元素 boy[0]～boy[4]，用来表示 5 个学生的信息。每个数组元素都是 struct stu 的结构体类型，

在声明数组时，对结构体数组可以作初始化赋值。例如：

```
struct stu {
int num;
char *name;
char sex;
float score;
}boy[2] = {{10,"Li ping",'F',45},{11,"Zhang hong",'M',62.5}};
```

最后一行赋初值或写为：

```
}boy[2] = { 10,"Li ping",'F',45, 11,"Zhang hong",'M',62.5};
```

都是一样的。

当对数组的全部元素作初始化赋值时，也可不必给出数组的长度。例如：上面最后一行也可写成：

```
}boy[] = { 10,"Li ping",'F',45, 11,"Zhang hong",'M',62.5};
```

例 7-2 设学生的信息包括学号、姓名、性别、成绩。设计程序要求输入一组学生的信息，统计平均成绩，并按照成绩由高到低的顺序输出学生全部信息。

```
#include <stdio.h>
#define len 3
void main(void){
    int i,j,k;
    struct stu {
      int num;
      char name[20];
      char sex;
      float score;
    }boy[len],temp;
    float avg = 0;
    //输入一组学生的记录,并统计平均成绩
    for (i = 0;i<len;i ++ ) {
         printf("输入第 %d 条记录\n",i + 1);
         printf("num?");
         scanf(" %d",&boy[i].num);
         printf("name?");
         //下一个语句是输入字符串,则需要清除键盘缓冲区回车
         while ( getchar()!= '\n' ) ;
         gets(boy[i].name);              //输入姓名
         printf("sex?");
         scanf(" %c",&boy[i].sex);       //输入性别
         printf("score?");
         scanf(" %f",&boy[i].score);     //输入成绩
         avg += boy[i].score;            //累加成绩到 avg 中
    }
    avg/ = len;                          //求平均成绩
    //用选择法排序结构数组中的各元素
    for(i = 0;i<len - 1;i ++ )
    { k = i;
      for(j = i + 1;j<len;j ++ )
           if(boy[j].score>boy[k].score)  k = j;
```

```
        temp = boy[k];   boy[k] = boy[i];   boy[i] = temp;
    }
    //输出排序的结构数组
    printf("\n%5s %10s %3s %6s\n", "num","name","sex","score");
    for(i = 0;i<len;i++)
        printf(" %5d %10s   %c   %6.2f\n",
boy[i].num,boy[i].name,boy[i].sex,boy[i].score);
    printf("average score: %.2f\n",avg);
}
```

程序运行结果如图7-3所示。

```
输入第1条记录
num?1
name?Li hong
sex?f
score?100
输入第2条记录
num?2
name?Zhang ping
sex?f
score?80
输入第3条记录
num?3
name?王芳
sex?f
score?70

  num       name sex  score
    1    Li hong   f 100.00
    2 Zhang ping   f  80.00
    3       王芳   f  70.00
average score: 83.33
```

图7-3　例7-2程序运行输出结果

7.3　结构体指针变量的使用

我们可以定义一个结构体类型的指针变量，并将一个结构体变量的地址赋给该指针变量，然后通过指针变量引用结构体数据。声明结构体指针变量的一般形式为：

```
struct 结构名 * 结构体指针变量名
```

例如，对前面定义了 struct stu 结构体类型，我们声明一个指向 struct stu 的指针变量 pstu 的语句：

```
struct stu *pstu;
```

当然也可在定义 stu 结构的同时，声明指针变量 pstu。

结构体指针变量必须要先赋值后才能使用。赋值是把结构体变量的首地址赋给该指针变量。然后，可通过结构体指针变量访问结构体的各个成员，其成员访问的一般形式为：

```
结构体指针变量->成员名
```

等同于

```
(*结构体指针变量).成员名
```

例如：

```
struct stu
{
  int num;
  char *name;
  char sex;
  float score;
} *pstu,boy={102,"Zhang ping",'M',78.5};
pstu=&boy;
```

上面代码声明的结构体指针变量pstu和结构体变量boy,并把boy的地址赋给pstu。接着可以通过指针变量pstu访问boy的各个成员。例如:访问boy的学号num的等同形式有:pstu->num或(*pstu).num,它们等同于:boy.num。

应该注意(*pstu)两侧的括号不可少,因为成员符"."的优先级高于"*"。如去掉括号写作*pstu.num,则等效于*(pstu.num),这样意义就不对了。

例7-3 结构体指针变量的应用。

程序定义了一个结构体类型struct stu,定义了该类型的结构体变量boy1并作了初始化赋值,还定义了一个指向struct stu类型的结构体指针变量pstu。在main函数中,pstu被赋予boy1的地址,即pstu指向boy1。然后在printf语句中以三种形式输出boy1的各个成员值。

```
struct stu
{
    int num;
    char *name;
    char sex;
    float score;
} boy1={102,"Zhang ping",'M',78.5}, *pstu;
main()
{
    pstu=&boy1;
    printf("Number=%d\nName=%s\n",boy1.num,boy1.name);
    printf("Sex=%c\nScore=%f\n\n",boy1.sex,boy1.score);
    printf("Number=%d\nName=%s\n",(*pstu).num,(*pstu).name);
    printf("Sex=%c\nScore=%f\n\n",(*pstu).sex,(*pstu).score);
    printf("Number=%d\nName=%s\n",pstu->num,pstu->name);
    printf("Sex=%c\nScore=%f\n\n",pstu->sex,pstu->score);
}
```

程序运行结果如图7-4所示。

```
Num=100,Name=李志强,Sex=F,Score=78.5
Num=100,Name=李志强,Sex=F,Score=78.5
Num=100,Name=李志强,Sex=F,Score=78.5
```

图7-4 例7-3程序运行输出结果

上面程序中定义的结构体变量 boy1,其内存是静态分配的。结构体数据的内存分配也可以为动态的。请看下面的例子。

例 7-4　结构体数据的动态内存分配。

```
#include <stdio.h>
#include <stdlib.h>
void main(){
  struct stu{
     int num;
     char *name;
     char sex;
     float score;
  } *p;
  p=( struct stu*)malloc(sizeof(struct stu));   //动态分配一个结构体数据的空间
  p->num=300;                                   //给结构体的各成员赋值
  p->name="李红";
  p->sex='m';
  p->score=88.5;
  printf("Num=%d,Name=%s,Sex=%c,Score=%.1f\n",
    p->num,p->name,p->sex,p->score);
  free(p);                                      //释放动态分配的结构体数据的空间
}
```

程序运行结果：

```
Num-300,Name=李红,Sex=m,core=88.5
```

7.4　用 typedef 声明新类型名

typedef 是 C 语言中的关键字,其作用是为已存在的数据类型定义一个新的类型名字。typedef 的一般使用形式为：

```
typedef 类型名称 类型标识符;
```

其中："类型名称"为已存在的数据类型名称,包括基本数据类型和用户自定义数据类型。"类型标识符"为新命名的类型名称。例如：

```
typedef int INTEGER;
typedef unsigned int COUNT;
```

分别定义了两个新类型名为 INTEGER 和 COUNT ,即 INTEGER 是 int 类型的别名,COUNT 是 unsigned int 类型的别名。

新的类型名称定义之后,就可像基本数据类型一样使用了。例如,变量声明语句：

```
INTEGER i,j;
COUNT c;
```

是将变量 i、j 定义为 INTEGER 类型,相当于 int 型;将变量 c 定义为 COUNT 类型,相当于 unsigned int 类型。

typedef 的主要应用有如下的几种形式:

(1) 为基本数据类型定义新的类型名。

(2) 为自定义数据类型(结构体、公用体和枚举类型)定义一个简洁的类型名称。

例如:

```
typedef struct{
        int month;
        int day;
        int year;
}DATE;
```

声明新类型名 DATE,它代表上面指定的一个结构体类型。这时就可以用 DATE 定义变量:

```
    DATE birthday;
    DATE *p;            //p 为指向结构体类型数据的指针
```

(3) 为数组定义一个简洁的类型名称。例如:

```
typedef int NUM[100];
```

声明 NUM 是长度为 100 的整型数组类型名。使用 NUM 声明数组的例子:

```
NUM n;
```

定义了长度为 100 的整型数组变量 n。

(4) 为指针定义简洁的名称。例如:定义指向字符串的指针类型名为 STRING:

```
typedef char * STRING;
```

使用类型名 STRING,定义字符串指针变量 csName,并指向一个常量字符串:

```
STRING csName = "Jhon";
```

(5) 为函数指针定义新的名称。例如:

```
typedef int (*FUN)(int a,int b);
```

声明 FUN 为指向函数的指针类型,该函数带有两个整型形参,且返回整型值。

例 7-5 为函数指针定义新的类型名称的实例。

```
#include <stdio.h>
int Max(int x,int y) {
    return x>y? x:y;
}
void main(){
  typedef int (*FUN)(int,int );
  FUN pFun;                        //声明函数指针变量 pFun
  pFun = Max;                      //将函数 Max 赋给函数指针变量
  printf("%d\n",pFun(2,3));        //通过函数指针调用函数 Max
}
```

在使用 typedef 时,应当注意两点:

1) typedef 只是为已有数据类型增加一个新的名称,并没有因此引入新的数据类型。

2) typedef 与#define 的区别:#define 为预编译处理命令,其功能是定义符号常量,即把一字符串命名为符号常量，在编译之前，先由预处理器将符号常量替换成字符串，然后进行编译。而 typedef 的功能是为已知数据类型定义一个新名称，typedef 是在编译时处理的。

7.5　单向链表的建立与基本操作

7.5.1　什么叫链表？

链表是一种物理存储单元上非连续、非顺序的存储结构，数据元素的逻辑顺序是通过链表中的指针链接次序实现的。链表由一系列结点（链表中每一个元素称为结点）组成，结点可以在运行时动态生成。每个结点中的信息包括两个部分：一个是存储数据元素的数据域（设域名为 data），另一个是存储后继结点地址的指针域（设域名为 next）。图 7-5 表示的是由 n 个结点组成的单向链表结构。

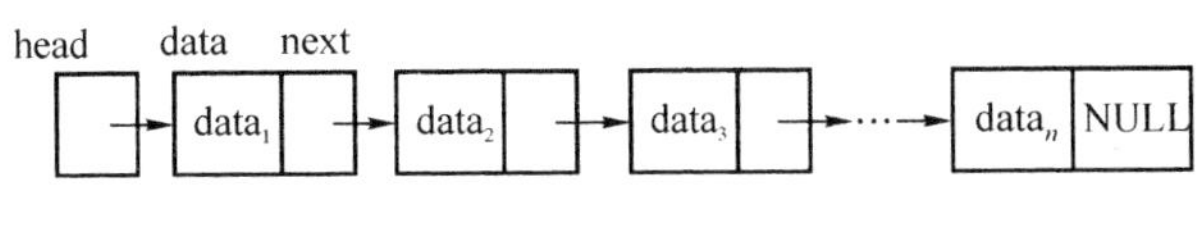

图 7-5　具有头指针的单向链表

7.5.2　如何定义结点的数据类型

单向链表：如果链表中的每个结点中只有一个指向后继结点的指针，则该链表称为单向链表。链表的第一个结点被称为头结点。定义一个指向头结点的头指针变量 head，它存放头结点的地址，通过头指针可以访问链表中的任何结点。链表中的最后一个结点称为尾结点，尾结点的指针域为 NULL（空指针），表示尾结点没有后继结点，链表到此结束。

单向链表的结点数据类型，可用结构体类型实现。其一般定义格式为：

```
struct node{
    DATA data;
    struct node * next;
};
```

其中数据类型 DATA 可为基本类型，可为用户自定义的数据类型。

例如：

```
struct node{
    int data;
    struct node * next;
};
```

它定义一个单向链表的结点类型 struct node，其中数据域 data 存放整型数据；指针域 next 是指针变量，指向直接后继结点（即存储直接后继结点的地址）。

又如：

```
typedef struct
```

```
{
 int num;
 char *name;
 char sex;
 float score;
} Student;        //定义类型名 Student
struct node{      //定义结点类型名 struct node
      Student data;
      struct node * next;
};
```

它定义了链表的结点数据类型 struct node,其中数据域 data 存放 Student 结构类型的数据。也可通过 typedef 给结点类型 struct node 定义一个新的类型名 Node,例如:

```
typedef struct {
     Student data;
     struct node * next;
}Node;
```

例 7-6 建立一个简单的单向链表。

程序创建的单向链表含有 3 个结点 a、b、c,并用头指针 head 指向。定义一个函数:

printList(Node * head)

其完成功能:通过头指针输出单向链表中的所有结点信息。

```
#include <stdio.h>
#include <string.h>
typedef struct stu{
     int num;
     char name[20];
     struct stu * next;
} Node;
void printList(Node * head);
void main(){
  Node * head,a,b,c;
  head = &a;                    //head 指向 a 结点
  //生成 a 结点的内容
  a.num = 1;
  strcpy(a.name,"张红");
  a.next = &b;                  //a.next 指向 b 结点
  //生成 b 结点的内容
  b.num = 2;
  strcpy(b.name,"李华");
  b.next = &c;                  //b.next 指向 c 结点
  //生成 c 结点的内容
```

```
    c.num = 3;
    strcpy(c.name,"王国维");
    c.next = NULL;                //c.next 指向空
    printList(head);              //打印整个链表
}
void printList(Node * head) {
Node * p;
p = head;
//通过头结点遍历整个链表中的所有结点,并打印
    while (p!= NULL) {
        printf("Num = %d,Name = %s\n",p->num,p->name);
        p = p->next;
    }
}
```

程序输出结果如图 7-6 所示。

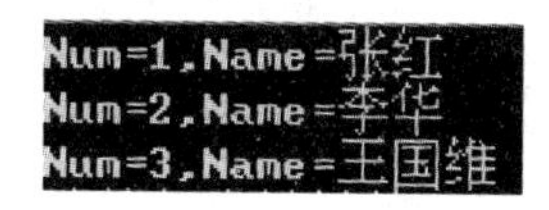
Num=1,Name=张红
Num=2,Name=李华
Num=3,Name=王国维

图 7-6　例 7-6 程序运行输出结果

上面程序建立的单向链表,因其含有的三个结点 a、b、c 的存储空间是在编译时分配的,即在程序运行前结点空间就已经分配好,因此生成的链表被称作静态链表。

7.5.3　创建动态链表

所谓动态链表是指在程序运行时动态生成链表中的各结点(即结点的空间是动态分配的),并生成结点的内容。以下面定义的单向链表的结点类型 Node 为例,来讨论动态链表的创建过程。

```
typedef struct stu{
    int num;
    char name[20];
    struct stu * next;
} Node;
```

1. 向链表插入一个结点

向链表插入一个结点的过程定义为一个函数:

```
Node * insert(Node * head,Node s)
```

其中第一个参数是链表的最初头指针,第二个参数是要插入的结点,返回值为链表新的头指针。

假设插入的结点总是放在链表的头部(即成为链表的新的头结点)。设单向链表有一个头指针 head,初始状态为 NULL,表示链表为空。

插入一个结点 s 到单向链表头部的过程如下：

1）动态申请一个结点空间，并用指针 p 指向该结点，即 p=(Node *)malloc(sizeof(Node))；

2）给 p 指向的结点赋予内容，即 * p=s；

3）判断链表为空(即 head==NULL)时，则 head=p；

否则将 p 指向的结点加到链表头部。即：

```
p.next = head;      //p.next 指向旧头结点
head = p;           //head 指向新头结点(新的头结点由 p 指向)
```

2. 通过循环实现向链表插入 n 个结点

例 7-7 创建动态的单向链表。

```
#include <stdio.h>
#include <string.h>
#include <stdlib.h>
#define len 3
typedef struct stu{
    int num;
    char name[20];
    struct stu * next;
} Node;
//插入一个结点到 head 指向的链表中,插到头部
Node * insert(Node * head,Node s) {
    Node *p;
    p = ( Node * )malloc(sizeof(Node));
    if (p == NULL)
        exit(1);
    *p = s;  //或 p->num = s.num;
    strcpy(p->name,s.name);p->next = s.next;
    if (head == NULL)
        head = p;
    else {
        p->next = head;          //p.next 指向旧头结点
          head = p;              //head 指向新头结点(新的头结点由 p 指向)
    }
return head;
}
//通过头指针 head 遍历整个链表
void printList(Node * head) {
    Node *p;
    p = head;
    while (p!= NULL) {
        printf("Num = %d,Name = %s\n",p->num,p->name);
```

```
            p = p - >next;
        }
    }
    void main(){
      Node * head;
      int i;
      Node s;
      head = NULL;
      //向链表插入 len 个结点
      for (i = 0;i<len;i ++ ) {
            printf("输入第 %d 个学生 Num name: ",i + 1);
            scanf(" %d %s",&(s.num),s.name);
            s.next = NULL;
            head = insert(head,s);
      }
      printList(head);
    }
```

程序运行结果如图 7-7 所示。

图 7-7　例 7-7 程序运行输出结果

7.6　联合体类型

联合体是 C 语言的一种构造类型,它能使多个变量共用同一块内存空间。联合体类型的定义、联合体变量的声明与使用,与前面讨论的结构体十分相似。

7.6.1　定义联合体类型

联合体类型的声明一般形式为:

```
union 联合体名
{类型 1 成员名 1;
 类型 2 成员名 2;
 ⋮
 类型 n 成员名 n;
};
```

例如:

```
union abc
{       int a;
        char b;
        double c;
};
```

它定义了一个联合体类型名 abc,它含有三个成员:一个为 int 型成员 a;一个为 char 型成员 b,一个为 double 型成员 c。但成员 a、b 和 c 共用同一内存位置,如图 7-8 所示,三个成员变量 a、b、c 都从地址为 2000 的存储空间开始分配单元,即 int 型变量 a 从地址 2000 开始分配 4 个字节,char 型 b 从地址 2000 开始分配 1 个字节, double 型 c 从地址 2000 开始分配 8 个字节。联合体中的各成员变量共用同一内存位置,这有别于结构体类型。

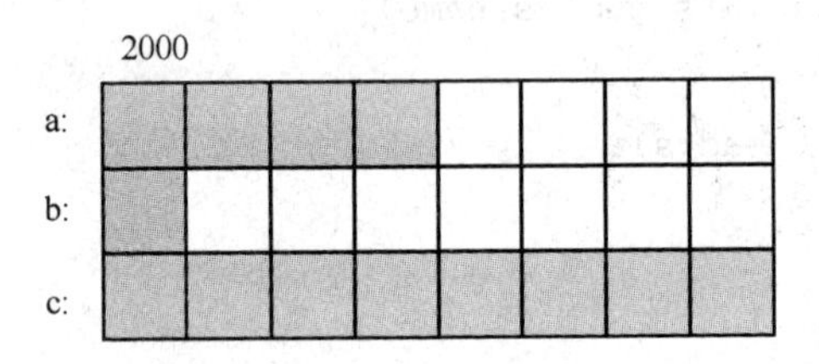

图 7-8　联合体中的各成员变量共用同一内存位置

7.6.2　定义联合体变量

联合体类型定义之后,可用于声明联合体变量。联合体变量的声明和结构体变量的声明方式相同,也有三种形式。例如:

```
union abc uVar;
```

或者

```
union abc
{       int a;
        char b;
        double c;
}uVar;
```

或者

```
union
{       int a;
        char b;
        double c;
}uVar;
```

上面的三种形式,都定义了相同含义的联合体变量 uVar。

"联合体"与"结构体"的定义形式相似,但它们的含义是不同的。结构体变量所占内存长度是各成员所占的内存长度之和,每个成员分别占有其自己的内存单元。而联合体变量所占的内存长度等于最长的那个成员的空间长度,每个成员共用相同的内存单元,即从相同的内存地址处分配成员的空间。

例如，上面定义的联合体变量 uVar，其内存空间分配如图 7-3 所示，被分配的存储空间长度为 8，因为最长的成员 c 的类型为 double，长度是 8。

可以对联合体变量进行初始化，但初始化表中只能有一个常量。例如：

```
union abc v1 = {1};
```

是正确的，是对 v1 的成员 a 赋初值 1。

```
union abc v2 = {1,'a',12.5};
```

是错误的。

7.6.3 联合体变量的使用

对联合体变量的赋值，只能对成员变量进行。访问其成员的方法与结构体相同。如：

```
uVar.a    uVar.b    uVar.c
```

都是访问成员变量的正确形式。

同样也可以定义联合体指针变量和联合体数组。定义为指针变量时，也要用"－＞"符号访问成员。例如：

```
union abc uVar, *p;
p = &uVar;
p->a        p->b     p->c
```

都是通过指针访问联合体成员的正确形式。

在使用联合体数据时要注意：联合体变量中可存放几种不同类型的成员，但任何同一时刻只能存放其中一个成员的值，而不是同时存放几个。联合体变量中起作用的成员是最后一次被赋值的成员，在对联合体变量中的一个成员赋值后，原有变量的存储单元的值就被取代。例如：

```
uVar.a = 10;
```

该语句执行后，uVar 变量内存中存放的是成员 a 的值 10。

```
uVar.b = 'A';
```

该语句执行后，uVar 变量内存中存放的是成员 b 的值'A'，原先的值 10 被替换掉。

另外，联合体既可以出现在结构体内，它的成员也可以是结构体。例如：

```
struct{
        int age;
        char *addr;
        union{
              int i;
              char *ch;
        }x;
}y[10];
```

若要访问结构变量 y[2]中联合体 x 的成员 i，可写成：

```
y[2].x.i;
```

若要访问结构体变量 y[3]中联合体 x 的字符串指针 ch 的第一个字符可写成：

*(y[3].x.ch)或 *y[3].x.ch

例 7-8 设有一个教师与学生通用的表格,教师信息有姓名、年龄、职业类别和教研室四项。学生信息有姓名、年龄、职业类别和班级四项。编程输入人员数据,并输出结果。

解题思路:用一个结构体数组 body 来存放人员数据,该结构体共有四个成员项:name、age、type 和 depa,其中成员项 depa 是一个联合体类型,这个联合体由两个成员组成:一个为整型量 class,一个为字符数组 office。成员项 type 代表职业类别为字符型,当其值为's'时,表示 depat 存放的是班级 class 信息,否则存放的是教师的办公室地点。程序代码如下:

```
#include <stdio.h>
struct{
        char name[10];
    int age;
    char type;
    union
    {
            int class;
            char office[10];
      } depa;
}body[2];
void main(){
      int n,i;
      for(i=0;i<2;i++){
        printf("input:\nname age type department\n");
          scanf("%s %d %c",body[i].name,&body[i].age,&body[i].type);
        if(body[i].type=='s')
          scanf("%d",&body[i].depa.class);
        else
          scanf("%s",body[i].depa.office);
      }
      printf("nameage type class/office\n");
      for(i=0;i<2;i++){
        if(body[i].type=='s')
            printf("%s %3d %3c %d\n",
body[i].name,body[i].age,body[i].type,body[i].depa.class);
        else
            printf("%s %3d %3c %s\n",
body[i].name,body[i].age,body[i].type,body[i].depa.office);
      }
}
```

程序运行结果如图 7-9 所示。

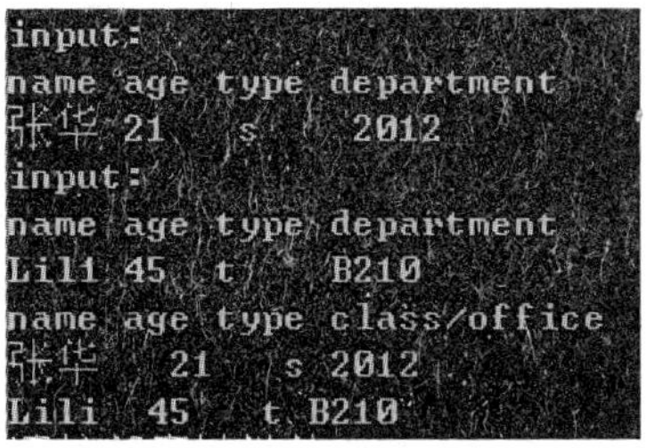

```
input:
name age type department
张华 21   s   2012
input:
name age type department
Lili 45  t   B210
name age type class/office
张华    21   s 2012
Lili   45   t B210
```

图 7-9　例 7-8 程序运行输出结果

程序说明:程序的第一个 for 语句循环完成输入人员的各项数据,先输入结构体的前三个成员 name、age 和 type,接着判断 type 的值,如为's'则对成员 depa. class 输入(学生的班级编号),否则对成员 depa. office 输入(教师的教研室名)。在用 scanf 语句输入时要注意,凡为 char 类型的数组成员,无论是结构体成员还是联合体成员,在该项前不能再加"&"运算符。如程序中的 body[i]. name 和 body[i]. depa. office 都是 char 类型数组,因此在这两项之前不能加"&"运算符。

例 7-9　利用联合体变量,共享 int 型和 float 型分量的数据存储空间,显示 float 数据在内存中的二进制数形式。

联合体变量 u 分配 32 bit 的内存空间,用以存放共享变量 i 或 f。程序先用赋值语句给 u 变量的分量 f 写入 float 类型的值 120. 5,再用 printf 语句显示整型变量 u. i 的值,格式描述符%x 只能显示整型变量的值。

```
#include <stdio.h>
int  main() {
    union {
      int i;
      float f;
    } u;
      u.f = (float)120.5;
      printf("%f   %x\n",u.f,u.i);
      u.i = 120;
      printf("%d   %x\n",u.i,u.i);
}
```

程序运行结果:

```
120.500000  42f10000
120  78
```

程序说明:42f10000 对应的二进制串为 0100 0010 1111 0001 0000 0000 0000 0000,是 120. 5 单精度浮点数的机内存储形式。

按照 IEEE 标准,存储数据时,对于单精度 float 分配 32 bit,有 1 位符号位、8 位阶码、23 位尾数,其中 8 位阶码为实际二进制指数+127 位移量,23 位尾数存放的是小数部分的小数点后面的二进制串,而小数点前面的整数总是 1,并没有分配空间存储这个 1。双精度 double 分配 64 bit,其中 1 位符号位,11 位阶码,52 位尾数。

120. 5 化为规范化的二进制指数形式为:$120.5_{10} = 1111000.1_2 = 1.1110001 * 2^{110}$,其中:

1 位符号位＝0

8 位阶码＝01111111＋00000110＝100 00101

23 位尾数＝＝1110001 00000000 00000000 00000000 0000000000，是 1110001 的扩充。

最后说明一下：结构体变量可以作为函数参数，函数也可返回指向结构体的指针变量。而联合体变量不能作为函数参数，函数也不能返回指向联合体的指针变量。

7.7 枚举类型

“枚举”是指将变量可能的取值一一列举出来。枚举是数值类型的一种特殊表达形式。当一个变量只有几种可能的取值时，如表示星期或月份的变量，就可以定义为枚举类型。

枚举类型是一个被命名的整型常量的集合。枚举类型的声明与结构体或联合体相似，其一般形式为：

```
enum 枚举名{
   标识符 1[ = 整型常数 1],
   标识符 2[ = 整型常数 2],
      ⋮
   标识符 n[ = 整型常数 n],
};
```

其中：标识符 1、标识符 2…标识符 n 被称为枚举元素或枚举常量。每一个枚举常量都代表一个整数。如果枚举没有初始化，即省掉“＝整型常数 i”时，则从第一个标识符开始，依次给标识符赋值为 0，1，2，…。但当枚举中的某个成员赋值后，其后的成员按依次加 1 的规则确定其值。例如：

```
enum Weekday{SUN, MON, TUE, WED, THU, FRI, SAT};
```

声明的枚举类型 enum Weekday，其枚举元素 SUN、MON、TUE、WED、THU、FRI、SAT 的值分别为 0、1、2、3、4、5、6。

例如：

```
enum string
{
        x1,
        x2 = 5,
        x3,
        x4 = 8
        }x;
```

则 x1＝0，x2＝5，x3＝6，x4＝8。

要注意：枚举中每个成员(标识符)结束符是“,”而不是“;”，最后一个成员的“,”可省略。

枚举类型定义后，可用于定义枚举变量。例如：

enum Weekday x;

声明枚举型变量 x，x 的取值可以为枚举类型规定的标识符常量之一。例如：

x= SUN;　或 x=TUE;　或　x= WED;
都是正确的。

引用枚举常量时,相当于引用枚举常量对应的整数值。例如:

x=SUN;等同于 x=0;

x=TUE;等同于 x=2;

例 7-10　口袋里有红、黄、绿、黑、白 5 种颜色的球若干个,每次从口袋里取出三种不同颜色的球,输出可能的取法组合情况。

```
#include<stdio.h>
void printBalls(enum Color i);  //此函数根据 i 的值,打印对应的球的颜色
//此枚举型在两个函数中使用,要声明为全局类型
enum Color { red = 0,yellow,green,white,black};
void main()
{ enum Color i,j,k;
  int n,loop;
  n = 0;
/* 文件名为.cpp 时要将 i++ 强制转换为: i = (enum Color)(i + 1);
同样 j.k 也必须强制转换 */
  for(i = red;i< = black;i ++ )
      for(j = red;j< = black;j = (enum Color)(j + 1))
        if(i!= j)
        {
          for(k = red;k< = black;k = (enum Color)(k + 1))
            if((k!= i)&&(k!= j))
          { n = n + 1;
            printf(" %5d",n);
            printBalls(i);printBalls(j);printBalls(k);
            printf("\n");
          }
        }
  printf("\nTotal: %5d\n",n);
}
void printBalls(enum Color i) {
  switch(i) {
        case red:printf(" %10s","red");break;
        case yellow:printf(" %10s","yellow");break;
        case green:printf(" %10s","green");break;
        case white:printf(" %10s","white");break;
        case black:printf(" %10s","black");break;
   };
}
```

程序运行结果：

```
1  red yellow green
2  red yellow white
3  red yellow black
⋮
60  black white green

Total：60
```

7.8 本章小结

结构体类型是由几种不同类型的数据项(成员变量)组成的构造类型。结构体中各成员都占有独立的内存空间，它们是同时存在的。对结构体数据的操作，一般会转化为对各成员变量的操作。

联合体是由几种不同类型的数据项(成员变量)组成的构造类型。但所有成员共用相同的内存空间。

访问结构体数据的成员项，可使用结构体变量加“.”成员运算符，也可使用结构体指针加“->”运算符。

链表是一种重要的数据结构，以实现动态的链式存储分配，它用结构体表示。

枚举类型用于定义一组预定的常量值集合。

习 题

7.1 说说结构体与联合体有哪些相似处和不同处？

7.2 选择题

(1) 设有定义：struct {char mark[12];int num1;double num2;} t1,t2;，若变量均已正确赋初值，则以下语句中错误的是(　　)。

A) t1=t2;　　B) t2.num1=t1.num1;

C) t2.mark=t1.mark;　　D) t2.num2=t1.num2;

(2) 有以下程序

```
struct complex
  { int real,unreal;} data1={1,8},data2;
```

则以下赋值语句中错误的是(　　)。

A) data2=data1;　　B) data2=(2,6);

C) data2.real=data1.real;　　D) data2.real=data1.unreal;

(3) 有以下程序

```
#include <stdio.h>
struct ord
```

```
{ int x;int y;}dt[2] = {1,2,3,4};
main(){
  struct ord *p = dt;
  printf("%d,", ++(p->x)); printf("%d\n", ++(p->y));
}
```

程序运行后的输出结果是(　　)。

A) 1,2　　B) 4,1　　C) 3,4　　D) 2,3

(4) 有以下定义和语句

```
struct workers
{ int num;char name[20];char c;
  struct
  {int day; int month; int year;} s;
};
struct workers w, *pw;
pw = &w;
```

能给 w 中 year 成员赋 1980 的语句是(　　)。

A) *pw.year=1980;　　B) w.year=1980;

C) pw->year=1980;　　D) w.s.year=1980;

(5) 若有以下定义和语句

```
union data
{ int i; char c; float f;}x;
int y;
```

则以下语句正确的是(　　)。

A) x=10.5;　　B) x.c=101;　　C) y=x;　　D)printf("%d\n",x);

(6) 设有以下语句

```
typedef struct TT
{char c; int a[4];}CIN;
```

则下面叙述中正确的是(　　)。

A) 可以用 TT 定义结构体变量　　B) TT 是 struct 类型的变量

C) 可以用 CIN 定义结构体变量　　D) CIN 是 struct TT 类型的变量

(7) 有以下程序

```
#include <stdio.h>
#include <string.h>
struct A{
  int a; char b[10]; double c;};
  void f(struct A t);
main(){
  struct A a = {1001,"ZhangDa",1098.0};
  f(a); printf("%d,%s,%6.1f\n",a.a,a.b,a.c);
}
```

```
void f(struct A t)
{ t.a = 1002; strcpy(t.b,"ChangRong");t.c = 1202.0;}
```

程序运行后的输出结果是(　　)。

A) 1001,zhangDa,1098.0　　B) 1002,changRong,1202.0

C) 1001,ehangRong,1098.0　　D) 1002,ZhangDa,1202.0

(8) 有以下结构体说明,变量定义和赋值语句

```
struct STD
{char name[10];
int age;
char sex;
}s[5], * ps;  ps = &s[0];
```

则以下 scanf 函数调用语句中错误引用结构体变量成员的是(　　)。

A) scanf("%s",s[0].name);　　B) scanf("%d",&s[0].age);

C) scanf("%c",&(ps->sex));　　D) scanf("%d",ps->age);

7.3　学生的记录由学号和成绩组成,n 名学生的数据已在主函数中放入结构体数组 s 中。请编写函数 fun,其功能为:把分数最高的学生数据放在 h 所指的数组中。注意:分数最高的学生可能不止一个,函数返回分数最高的学生的人数。

7.4　学生的记录由学号、姓名和成绩组成,N 个学生的数据已在主函数中放入结构体数组 ar 中,请编写函数 fun,其功能为:按分数由高到低排列学生的记录。

7.5　有一个单向链表,由 head 指针指向。其中结点定义为:

```
typedef struct node {
int data ;
struct node * next ;
} Node ;
```

请定义一个函数完成:输出所有结点的数值之和,并将该链表的尾结点和头结点链接。

7.6　编写判断闰年的函数,实现任意月份总天数的计算和下一天计算。

第 8 章　位操作程序设计

计算机内任何一个数据都是以二进制的形式存储的，本章介绍的二进制位运算包括：按位与 &、按位或 |、按位异或 ^、按位取反～、按位左移<<和按位右移>>。接着介绍了使用结构体表示二进位的数据结构——位域，最后讨论位操作程序设计的综合举例，位操作在嵌入式应用编程中得到了广泛的应用。

8.1 位运算符

位运算是对操作数以二进制比特位(bit)为单位进行的操作和运算，位运算的操作数只能为整型(char, short, int, long)数据，结果也是整型。C 语言的 6 种位运算符和相应的运算规则列于表 8-1 中。

表 8-1　位运算符

运算符	运算	例	运算规则
～	按位取反	～x	将 x 各二进位取反
&	按位与	x&a	求 x 和 a 各二进位与
|	按位或	x|a	求 x 和 a 各二进位或
^	按位异或	x^a	求 x 和 a 各二进位异或
>>	按位右移	x>>n	x 各二进位右移 n 位
<<	按位左移	x<<n	x 各二进位左移 n 位

1. 按位与 &

参与运算的两个值，如果两个相应位都为 1，则该位的结果为 1，否则为 0。即：0&0=0，0&1=0，1&0=0，1&1=1。例如：

```
      3:            00000011
      5:     (&)    00000101
 ---------------------------
    3&5:            00000001
```

按位与可以用来对操作数中的若干位置 0，或者取操作数中的若干指定位。在下面的例子中，设 x 的类型为 char，x 的各个二进位从低位到高位编号依次为：$b_7 b_6 b_5 b_4 b_3 b_2 b_1 b_0$：

(1) 下列语句将 x 的第 4 位和第 1 位置 0，

x = x&0xde;　　　//掩码 0xde 中对应的 $b_3 = 0, b_0 = 0$

(2) 下列语句要取 x 的低 4 位：

x = x&0x0f;　　　//掩码 0x0f 中对应的 $b_7 b_6 b_5 b_4 = 0000, b_3 b_2 b_1 b_0 = 1111$

2. 按位或 |

参与运算的两个值,只要两个相应位中有一个为1,则该位的结果为1。即:0|0=0,0|1=1,1|0=1,1|1=1。

```
    3:              00000011
    5:         ( | ) 00000101
-------------------------------
  3|5:              00000111
```

按位或操作可以用来把操作数的某些特定位置1(其他位保持不变),例如:将int型的变量a的b_3、b_4位置1:

```
a = a|ox18
```

3. 按位异或 ^

参与运算的两个值,如果两个相应位不同,则结果为1,否则为0。即:0^0=0,1^0=1,0^1=1,1^1=0。例如:

```
    071:              00111001
    052:          (^) 00101010
---------------------------------
 071^052:             00010011
```

按位异或操作可以用来使某些特定的位翻转。如果是某位与0异或,结果是该位的原值;如果是某位与1异或,则结果与该位原来的值相反。例如:要使11010110的b_4、b_5翻转,可以将数与00011000进行按位异或运算。

4. 按位取反～

～是一元运算符,对数据的每个二进制位取反,即把1变为0,把0变为1。例如:

```
 025:  00000000 00010101
~025:  11111111 11101010
```

5. 移位 <<>>

移位运算是二元运算符,是将某一变量所包含的各二进位按指定的方向移动指定的位数,表8-2是3个移位运算符的例子。

表8-2 移位运算的例子

X(十进制表示)	二进制补码表示	x<<2	x>>2
30	00011110	01111000	00000111
−17	11101111	10111100	11111011

(1) 按位左移运算(<<):将一个数的各个二进位全部左移若干位。左移后,低位补0,高位舍弃。

在不产生溢出的情况下,一个无符号数,左移一位相当于乘以2,而且用左移来实现乘法比乘法本身运算速度要快。

(2) 按位右移运算(>>):将一个数的各二进制位全部右移若干位。右移后,低位舍弃。高位:若是无符号数,补0;若是有符号数,补“符号位”。

一个无符号数,右移一位相当于除2取商,而且用右移实现除法比除法运算速度要快。

例8-1 位运算的应用。

```
#include <stdio.h>
void main() {
```

```
    unsigned int w1 = 0x155,w2 = 0x1c7,w3 = 0x52;
    int w4 = -128,w5 = 128;
    printf("%x  %x %x \n",w1&w2,w1|w2,w1^w2);
    printf("%x  %x %x \n",~w1,~w2,~w3);
    printf("%x  %x %x \n",w1^w2,w1&~w2,w1|w2|w3);
    printf("%x  %x \n",w1|w2&w3,w1&w2|w3);
    printf("%x  %x \n",~(~w1&~w2),w1|w2);
    printf("%d  %d \n",w4>>1,w5<<1);
}
```

程序运行结果如图 8-1 所示。

```
145  1d7 92
fffffeaa  fffffe38 ffffffad
92  10 1d7
157  157
1d7  1d7
-64  256
```

图 8-1　例 8-1 程序运行输出结果

8.2 位　　域

有些信息在存储时并不需要占用一个完整的存储单元，而只需一个或几个二进制位。例如在存放一个开关量时，只有 0 和 1 两种状态，只要用一个二进制位即可。为了节省存储空间，并使处理简便，C 语言提供了一种基于结构体的数据结构——位域。位域就是把一个存储单元中的二进制划分为几个不同的区域，并说明每个区域的位数。每一个域有一个域名，允许在程序中按域名进行操作。

位域的声明与结构的声明相似，只要在定义结构的成员变量后增加二进制位的长度。其声明形式为：

```
struct  结构体名{
    类型 1  成员 1：长度；
    类型 2  成员 2：长度；
             ⋮
    类型 n  成员 n：长度；
}位域变量；
```

例如：

```
struct BitSeg1 {
    unsigned char a:4;
    unsigned char b:3;
    unsigned char c:1;
} flags;
```

声明位域变量 flags 由三个成员 a、b、c 组成，其中成员 a 占有四个二进位，成员 b 占有三个二进制位,成员 c 占有一个二进制位,整个变量 flags 分配的存储单元大小为 char 类型的存储单元,大小为一个字节。

要注意:在给位域变量的某成员分配空间二进制位时,如果与类型相关的存储单元所剩二进制位已不够存放下一成员时,则应从下一个存储单元起分配该成员。例如:

```
struct BitSeg2 {
    unsigned char f1 : 1 ;
    unsigned char f2 : 1 ;
    unsigned char f3 : 1 ;
    unsigned charf4 : 3 ;
    unsigned charf5 : 7 ;  //从第二个 char 型的存储单元分配成员 f5
};
```

声明的结构类型 struct BitSeg2 占用的空间大小为 2 B(即 2 个 char 型的空间)。其中成员 f1、f2、f3、f4 占用第一字节,f5 占用第二字节。

例如:

```
struct BitsSeg3 {
    unsigned  f1 : 1 ;
    unsigned  f2 : 1 ;
    unsigned  f3 : 1 ;
    unsigned  f4 : 4 ;
    unsigned  index : 26 ;
};
```

则 sizeof(BitsSeg3)=8。因为成员 f1、f2、f3、f4 占用 4 个字节(为一个 unsigned 型的存储单元),成员 index 也占用 4 个字节(另一个 unsigned 型的存储单元)。

例 8-2 位域的应用。

```
#include <stdio.h>
typedef struct  {
    unsigned char f1 : 1 ;
    unsigned char f2 : 1 ;
    unsigned char f3 : 1 ;
    unsigned char type : 4 ;
    unsigned char index : 8 ;
}Flags;
void main() {
    Flags flags;
    flags.f1 = 1;
    flags.f2 = 0;
    flags.f3 = 1;
    flags.type = 0x7;
    flags.index = 0x81;
printf("%x %x %x %1x %2x\n",flags.f1,flags.f2,flags.f3,flags.type,flags.
```

```
index);
    printf("The size of variable flags is %d\n",sizeof(flags));
}
```

程序运行结果：

```
1  0  1  7  81
The size of variable flags is 2
```

8.3　位操作程序设计综合举例

例 8-3　将一个无符号八位二进制数的低 4 位与高 4 位进行交换，并以十六进制格式输出原数和交换后的结果。

```
#include <stdio.h>
void main() {
    unsigned char flag1 = 0x8f;
    unsigned char flag2,flag3,flag4;
    flag2 = flag1&0x0f;    //屏蔽高 4 位后，将低 4 位送给 flag2
    flag2 = flag2<<4;      //将低 4 位移到高 4 位
    flag3 = flag1&0xf0;    //屏蔽低 4 位后，将高 4 位送给 flag3
    flag3>> = 4;           //将高 4 位移到低 4 位
    flag4 = flag2|flag3;
    printf("%x \n",flag1);
    printf("%x \n",flag4);
}
```

程序输出结果为：

```
8f
f8
```

例 8-4　编写一个带参数的宏 clearBit(x,n)，用于将 x 的第 n 位置 0，假设 n>=0。

```
#include <stdio.h>
#define  clearBit(y,n) y& = ~(0x1<<n)
void main() {
    unsigned x = 0xfe78feaf;
    unsigned y = 0xfeaf;
    clearBit(x,31);
    clearBit(y,1);
    printf("x = %x,y = %x\n",x,y);
}
```

程序运行结果如下：

```
x=7e78feaf,y=fead
```

8.4 本章小结

二进制位运算是对二进制数的位进行与、或、异或、求反和移位操作。用结构体表示的位域,可用来表示二进制位,以节约存储空间,并通过操作结构体中的成员,可直接操作二进制的比特位。

习　　题

8.1 写出下列表达式的运算结果,假定 unsigned int x=0525u,y=0707u,z=0122u。

(1) x&y　(2) x|y　(3) x^y　(4) ~x　(5) x&~y

(6) x|y|z　(7) ~(~x&~y)　(8) x<<2　(9) y>>2　(10) x^x

8.2 写出下列表达式的运算结果,假定 int x=127,y=-128。

(1) x>>4　(2) y<<4　(3) (x<<4) | (x>>4)　(4) (y<<6) |(y>>2)

8.3 写出下面程序的运行输出结果。

```
#include <stdio.h>
void main() {
    struct bs  {
      unsigned int a:8;
      unsigned int b:2;
      unsigned int c:6;
    }data;
    data.a = 128;
    data.b = 3;
    data.c = 64;
    printf("%d,%d,%d,%d\n",data.a,data.b,data.c,sizeof(data));
}
```

8.4 编制一个带参数的宏 setBit(x,n),用于将 x 的第 n 位置 1,假设 n>=0。

8.5 编制程序完成:判断变量 a 的第 bit_n 位是否为 1,并显示判断的结果。

8.6 编制程序完成:将一个无符号整型数乘以 16。

8.7 编写一个函数将一个无符号数 x 左移或右移 n 位。假设函数头为:

shift(unsigned x,int n)。当 n>0 时左移 n 位,n<0 时右移 n 位。

8.8 键盘输入一个有符号的十进制数,输出转换成机内二进制数的结果(要求用位操作完成)。

8.9 编写一个带参数的宏 xorBit(x,n),完成:将 x 的第 n 位置反,假设 n>=0。

8.10 以下程序

```
#include <stdio.h>
main()
```

```
{ unsigned char a = 8,c;
    c = a>>3;
    printf("%d\n",c);
}
```

程序运行后的输出结果是(　　)。

A) 32　　B) 16　　C) 1　　D) 0

第9章　文件的输入和输出处理

本章首先介绍了与输入和输出处理相关的概念，包括文件的命名、文件的打开与关闭、文件的读取与写入。详细介绍了C语言中与文件读写操作相关的一组库函数，并结合应用实例给出了文件的顺序读写和随机读写的方法。

9.1　文件的基本概念

所谓“文件”是指一组相关数据的有序集合，这个数据集叫作文件名。在前面各章中我们已经多次使用了文件，例如源程序文件、目标文件、可执行文件、库文件（头文件）等。文件通常是驻留在外部介质（如磁盘等）上的，在使用时才调入内存中。

9.1.1　文件的分类

从不同的角度可对文件进行不同的分类。从用户的角度看，文件可分为普通文件和设备文件两种。

普通文件是指驻留在磁盘或其他外部介质上的一个有序数据集，可以是源文件、目标文件、可执行程序；也可以是一组待输入处理的原始数据，或者是一组输出的结果。对于源文件、目标文件、可执行程序被称作程序文件，对输入输出数据被称作数据文件。

设备文件是指与主机相连的各种外部设备，如显示器、打印机、键盘等。在操作系统中，把外部设备也看作是一个文件来进行管理，把它们的输入、输出等同于对磁盘文件的读和写。通常把显示器定义为标准输出文件，一般情况下在屏幕上显示有关信息就是向标准输出文件输出。如前面经常使用的printf、putchar函数就是这类输出。键盘通常被指定为标准输入文件，从键盘上输入就意味着从标准输入文件上输入数据。scanf、getchar函数就属于这类输入。

从文件编码的方式来看，文件可分为ASCII码文件和二进制码文件两种。

ASCII文件也称为文本文件，这种文件在磁盘中存放时，每一个字节存放一个字符对应的ASCII码。ASCII码文件可在屏幕上按字符显示，例如，源程序文件就是ASCII文件，可用文本编辑器如记事本显示文本文件的内容。由于是按字符显示，因此能读懂文本文件内容。二进制文件是按二进制形式来存放的，二进制文件虽然也可在屏幕上显示，但其内容无法读懂，如可执行文件。

9.1.2　文件名

每一个文件都有唯一的文件名(文件标识),以便用户识别和引用。文件的命名通常包括三个部分:(1)路径;(2)文件名;(3)后缀名。

路径表示文件在外部设备上的存储位置。例如:

C:\ Document\My\file1. doc

其中“C:\ Document\My\” 为文件的路径,“file1”是文件名,“. doc”是文件的后缀名。后缀名(扩展名)表示文件的性质或类型,一般由 3 个字母组成,如:. doc(Word 生成的文档),. txt(文本文件),. c(C 语言源程序),. cpp(C++源程序),. dat(数据文件),. exe(可执行文件),. obj(编译生成的目标文件)等。

9.1.3　文件类型指针

当一个文件被打开时,在 C 语言中用一个指针变量指向该文件，这个指针被称作文件指针。通过文件指针就可对它所指的文件进行各种操作。

声明文件指针的语句一般形式为:

FILE * 指针变量标识符;

其中 FILE 应为大写,它实际上是由系统定义的一个结构，该结构中含有文件名、文件状态和文件当前位置等信息。在编写源程序时不必关心 FILE 结构的细节。

例如:FILE *fp;

表示 fp 是指向 FILE 结构的指针变量。通过 fp 实施对文件的各种操作。

在 C 语言中,文件操作都是由一组库函数来完成的,程序要求包含头文件 stdio. h。本章将讨论文件的打开、关闭、读、写、定位等各种操作。

9.2　文件的打开与关闭

文件在进行读写操作之前要先打开,使用完毕要关闭。所谓打开文件,实际上是建立文件的有关信息,并使文件指针指向该文件,以便进行其他操作。关闭文件则断开指针与文件之间的联系,也就禁止再对该文件进行读写操作。

9.2.1　文件的打开

函数 fopen 用来打开一个文件,其调用的一般形式为:

FILH 文件指针名=fopen(文件名,使用文件方式);

其中:(1) “文件指针名”是被说明为 FILE 类型的指针变量;

(2) “文件名”是被打开的文件名,为字符串常量或字符串数组名;

(3) “使用文件方式”指明文件的类型和操作要求。

例如：

FILE *fp；

fp=fopen("file.a","r")；

其含义是在当前目录下打开文件"file.a"，只允许进行"读"操作，并使 fp 指向该文件。

又如：

FILE *fpe；

fpe=fopen ("c:\\p1.exe","rb")

其含义是打开 C 驱动器磁盘的根目录下的文件"p1.exe"，这是一个二进制文件，只允许按二进制方式进行读操作。两个反斜线"\\"是用转义字符表示的根目录"\"。

文件的使用方式共有 12 种，表 9-1 给出了它们的符号和含义。

表 9-1　文件的使用方式

文件的使用方式	含义
r 或 rt　(只读)	打开一个文本文件，只允许读数据
w 或 wt　(只写)	打开一个文本文件，只允许写数据
rb　(只读)	打开一个二进制文件，只允许读数据
wb　(只写)	打开一个二进制文件，只允许写数据
r+或 rt+　(读写)	打开一个文本文件，可读和写数据
w+或 wt+　(读写)	打开一个文本文件，可读和写数据
rb+或 rb+　(读写)	打开一个二进制文件，可读和写数据
wb+或 wb+　(读写)	打开一个二进制文件，可读和写数据
a 或 at　(追加)	打开一个文本文件，并在文件末尾写数据
ab	打开一个二进制文件，并在文件末尾写数据
a+或 at+　(读写)	打开一个文本文件，允许读，并在文件末尾写数据
ab+　(读写)	打开一个二进制文件，允许读，并在文件末尾写数据

文件的使用方式说明如下。

(1) 文件使用方式由 r、w、a、t、b、+这 6 个字符拼成，各字符的含义是：

r(read)：读；　　　　w(write)：写

a(append)：追加　　　t(text)：文本文件，可省略不写

b(banary)：二进制文件　　+：读和写

(2) 用"r"打开一个文件时，该文件必须已经存在，且只能从该文件读出。

(3) 用"w"打开的文件只能向该文件写入。若打开的文件不存在，则以指定的文件名建立该文件，若打开的文件已经存在，则将该文件删去，重建一个新文件。

(4) 若要向一个已存在的文件追加新的信息，只能用"a "方式打开文件。但此时该文件必须是存在的，否则将会出错。

(5) 在打开一个文件时，如果出错，fopen 将返回一个空指针值 NULL。在程序中可以用这一信息来判别是否完成打开文件的工作，并作相应的处理。因此常用以下程序段打开文件：

```
if((fp = fopen("d:\p1.exe","rb") = = NULL)
{
```

```
    printf("error on open d:\p1.exe !");
    getch ();
    exit(1);
}
```

该段程序的意义:打开指定的文件,如果返回的指针为空,表示不能打开C盘根目录下的p1.exe文件,则给出提示信息"error on open c:\p1.exe !";下一行getch ()的功能是从键盘输入一个字符,但不在屏幕上显示。在这里,该行的作用是等待,只有当用户从键盘敲任意键时,程序才继续执行,因此用户可利用这个等待时间阅读出错提示。敲键后执行语句exit(1),将退出程序执行。

(6) 把一个文本文件读入内存时,要将ASCII码转换成二进制码。而把文件以文本方式写入磁盘时,也要把二进制码转换成ASCII码,因此文本文件的读写要花费较多的转换时间。对二进制文件的读写不存在这种转换。

(7) 文件一旦使用完毕,应用关闭文件函数fclose把文件关闭,以避免文件的数据丢失等错误。

9.2.2 文件的关闭

函数fclose调用的一般形式是:

```
fclose(文件指针);
```

例如:

```
fclose(fp);
```

正常完成关闭文件操作时,fclose函数返回值为0。如返回非零值则表示有错误发生。

9.3 文件的顺序读写

C语言提供了文件的多种读写函数,使用这些函数时,程序要求包含头文件stdio.h。

(1) 字符读写函数 :fgetc和fputc。

(2) 字符串读写函数:fgets和fputs。

(3) 格式化读写函数:fscanf和fprinf。

(4) 数据块读写函数:freed和fwrite。

下面分别说明如何使用这些函数。

9.3.1 向文件读写字符

字符读写函数fgetc和fputc是以字符为单位的读写函数。每次可从文件读出或向文件写入一个字符。

1. 读字符函数fgetc

fgetc函数的功能是从指定的文件中读入一个字符,函数调用的形式为:

```
ch = fgetc(fp);
```

其中:ch 是读入的字符存放的字符型变量,fp 是文件指针。

例如:

```
ch = fgetc(fp);
```

其含义是从打开的文件 fp 中读取一个字符并送入 ch 中。

对于 fgetc 函数的使用有几点说明。

1) 在 fgetc 函数调用中,读取的文件必须是以读或读写方式打开的。

2) 在文件内部有一个位置指针。用来指向文件的当前读写字节。在文件打开时,该指针总是指向文件的第一个字节。调用 fgetc 函数后,该位置指针将向后移动一个字节。因此要读取多个字符,可通过连续多次调用 fgetc 函数。

3) 函数的返回值:当读字符成功时,返回所读的字符;失败时返回文件结束标志 EOF(即-1)。

例 9-1 读入 C 盘根目录下的一个文本文件 text1.txt,在屏幕上输出其文件内容。

```
#include<stdio.h>
void main()
{
    FILE *fp;
    char ch;
    if((fp = fopen("c:\text1.txt","rt")) == NULL)    //打开文件不成功
    {
        printf("\nCannot open file c:\text1.txt! \nStrike any key exit!");
        getch();
        exit(1);
    }
    while((ch = fgetc(fp))!= EOF)                      //读入一个字符
    {    putchar(ch);                                  //显示字符
    }
    fclose(fp);
    putchar('\n');
}
```

上述程序执行步骤:(1)先用记事本创建一个文件 text1.txt,内容第一行为“我在学习用 fgetc()函数读入一字符。”,第二行为“成功啦!”,并将此文件并放在 C 盘根目录下;(2)运行上述程序,运行结果如下:

```
我在学习用 fgetc()函数读入一字符。
成功啦!
```

2. 写字符函数 fputc

fputc 函数的功能是向文件写一个字符。函数调用的一般格式为:

```
fputc(ch,fp);
```

其中 ch 是要写的字符,fp 是文件指针。

例如:

```
fputc('a',fp);
```

fputc 函数的使用有几点说明。

1）被写入的文件可以用写、读写、追加方式打开。

2）每写入一个字符，文件内部位置指针向后移动一个字节。

3）函数的返回值：如写入成功则返回写入的字符，否则返回一个 EOF。

例 9-2　从键盘输入一行字符串，写入文件 text2.txt 中。并将该文件内容显示在屏幕上。

源程序代码如下：

```
#include<stdio.h>
main(){
    FILE *fp;
    char ch,outfile[20];
    printf("输入要写入文件名?");
    scanf("%s",outfile);                    //输入要写入的文件名
    if((fp=fopen(outfile,"wt+"))==NULL){
        printf("Cannot open file c:\text2.c , Strike any key exit!");
        getch();
        exit(1);
    }
    printf("输入一行字符串:\n");
    fflush(stdin);                          //清空输入缓冲区
    while ((ch=getchar())!='\n'){           //从键盘读入一个字符
        fputc(ch,fp);   //逐个字符写入文件
    }
    rewind(fp);                             //把文件内部的位置指针移到文件首
    while((ch=fgetc(fp))!=EOF)              //从文件重复地读一个字符，直到碰到
                                              文件结束符为止
    {   putchar(ch);
    }
    printf("\n");
    fclose(fp);
}
```

程序运行结果如下：

```
输入要写入文件名? text2.txt
输入一行字符串：
I am a student.
I am a student.
```

程序运行时，输入要写入的文件名"text2.txt"中如果没有指定路径，则缺省路径是当前项目的路径。请您检查程序运行后生成的 text2.txt 文件是否放在您当前项目的路径下。

C 系统还将读写字符函数 fgetc 与 fputc 分别定义为带参数的宏名 putc 与 getc，即：

```
#define putc(ch,fp) fputc(ch,fp)
```

```
#define getc(fp) fgetc(fp)
```

所以对文件读写字符时,使用函数 putc 与 getc 的效果等同于使用函数 fgetc 与 fputc,请您设计程序自行验证之。

9.3.2 向文件读写字符串

字符串读写函数 fgets 和 fputs,可一次性地从文件读出或向文件写入一个字符串。

1. 读字符串函数 fgets

fgets 函数的功能是从输入文件读取一个字符串到字符数组中,其函数调用形式为:

```
fgets(字符数组名,n,文件指针);
```

其中 n 是一个正整数。表示从输入文件中读出不超过 n－1 个字符的字符串。在读入串的最后一个字符后加上串结束标志符'\0',然后将这 n 个字符写入到字符数组中。

例如:

```
fgets(str,n,fp);
```

是从 fp 所指的文件中读出 n－1 个字符,结尾加上字符'\0',送入字符数组 str 中。

对 fgets 函数有两点说明。

(1) 在读出 n－1 个字符之前,如遇到了换行符或 EOF(文件结束符),则读结束,但将所读的'\n'也作为字符读入。

(2) 函数原型 char * fgets(char * str,int n,FILE * fp),其函数的返回结果为:读取成功时返回字符数组的首地址;不成功时返回 NULL。

2. 写字符串函数 fputs

fputs 函数的功能是向指定的文件写入一个字符串,其函数调用形式为:

```
fputs(字符串,文件指针)
```

其中字符串可以是字符串常量,或是字符数组名,或是字符型指针变量。

函数原型 int fputs(char * str,File * fp),函数的返回值:写入成功时返回 0;否则返回非 0 值。

例如:

```
fputs("abcd",fp);
```

其含义是把字符串"abcd"写入到 fp 所指的文件中。

例 9-3 从键盘读入 n 行信息写入 MyText.txt 文件中。接着从该文件读取内容显示到屏幕上。

```
#include<stdio.h>
#define n 3
void main(){
    FILE *fp;
    int i;
    char ch,st[80];
    if((fp=fopen("MyText.txt","wt+"))==NULL)
    {
```

```
        printf("Cannot open file strike any key exit!");
        getch();
        exit(1);
    }
    printf("请输入%d行信息:\n",n);
    for (i=0;i<n;i++) {
        gets(st);
        fputs(st,fp);
    }
    printf("\n用gets()函数读取文件内容,显示:\n");
    rewind(fp);        //把文件内部的位置指针移到文件首
    while (fgets(st,80,fp)!=NULL)
      puts(st);
    printf("\n用getc()函数读取文件内容,显示:\n");
    rewind(fp);        //把文件内部的位置指针移到文件首
    while((ch=fgetc(fp))!=EOF)
      putchar(ch);
    printf("\n");
    fclose(fp);
    }
```

程序运行结果如图 9-1 所示。

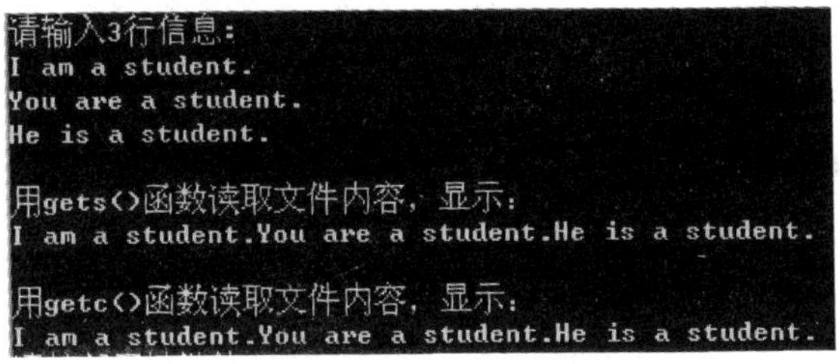

```
请输入3行信息:
I am a student.
You are a student.
He is a student.

用gets()函数读取文件内容, 显示:
I am a student.You are a student.He is a student.

用getc()函数读取文件内容, 显示:
I am a student.You are a student.He is a student.
```

图 9-1　例 9-3 程序运行输出结果

9.3.3　以二进制方式向文件读写数据块

数据块的读写函数 fread 和 fwrite,是以二进制方式一次性地读写一组数据。读写文件操作之前,要求用二进制方式打开指定的文件。fread 函数从文件读取一个数据块,fwrite 函数向文件写入一个数据块。数据块在读写时是以二进制形式进行的,即写入时是直接将内存中的一组数据原封不动地写到磁盘上,读入时是将文件中的若干字节内容读到内存中。

1. 读数据块函数 fread

函数 fread 调用的一般形式为:

```
fread(buffer,size,count,fp);
```

其中:

buffer 是一个指针,表示存放输入数据块的内存首地址。

size 表示要读的数据项大小(字节个数)。

count 表示要读的数据项的个数。

fp 表示 FILE 类型指针。

2. 写数据块函数 fwrite

函数 fwrite 调用的一般形式为:

```
fwrite(buffer,size,count,fp);
```

其中:

buffer 是一个指针,表示存放输出数据块的内存首地址。

size 表示要写的数据项大小(字节数)。

count 表示要写的数据项的个数。

fp 表示 FILE 类型指针。

例 9-4 用二进制读写方式将存放在数组中的一组数据写到文件中,并从此文件中读取内容显示在屏幕上。

```
#include <stdio.h>
void main(){
    FILE *fp;
    int x[6] = {1,2,3,4,5,6},y[6],i;
    fp = fopen("test.dat","wb+");       //文件以可读可写的二进制方式打开
    fwrite(x,sizeof(int),6,fp);
    rewind(fp);                         //文件指针移到文件首
    fread(y,sizeof(int),6,fp);
    for(i = 0;i<6;i++)
      printf("%d",y[i]);
    printf("\n");
    fclose(fp);
}
```

程序运行结果:

```
123456
```

程序说明:

(1) 语句 fp=fopen("test.dat","wb+");

是用可读可写的二进制方式打开文件。

(2) 语句 fwrite(x,sizeof(int),6,fp);

是将数组 x 开始的 6 个 int 类型的数据写到文件 test.dat 中,sizeof(int)的值为 4。

(3) 语句 fread(y,sizeof(int),6,fp);

是从文件中读取 6 个 int 类型的数据送到数组 y 开始的存储空间中。

例 9-5 从键盘输入一组学生信息,每个学生记录包括姓名(name)、学号(number)、年龄(age) 和家庭住址(addr)。要求以二进制方式写入文件 stu_list.dat 中;然后再读出这组学生信息并显示在屏幕上。

```
#include <stdio.h>
#define N 2
```

```
struct STUDENT //定义结构体描述学生信息
{      char name[14];
       int num;
       int age;
       char addr[20];
}boya[N],boyb[N], * qq;
main(){
    FILE * fp;
    char ch;
    int i;
    if((fp = fopen("stu_list.dat","w +")) == NULL)    //以二进制读写方式打开文件
    {
        printf("Cannot open file ,strike any key exit!");
        getch();
        exit(1);
    }
    printf("input %d records\nName    Number  Age   Address\n",N);//提示输入
    for(i = 0;i<N;i ++ )          //从键盘输入 N 行记录放入数组 boya 中
        scanf("%s%d%d%s",boya[i].name,&boya[i].num,&boya[i].age, boya[i].addr);
    fwrite(boya,sizeof(struct STUDENT),N,fp); //将数组 N 个记录写入文件中
    rewind(fp);                   //文件指针移到文件首
    qq = boyb;                    //qq 指向数组 boyb 首地址
    //从文件读入 N 个记录写入 qq 指向的数组 boyb 中
    fread(qq,sizeof(struct STUDENT),N,fp);

    printf("\n%-14s%-8s%-8s%-20s\n","name","number","age","addr");
                                  //打印标题
    for(i = 0;i<N;i ++ ,qq ++ )  //打印数组 boyb 中 N 个元素
        printf("%-14s%-8d%-8d%-20s\n",qq->name,qq->num,qq->age,
qq->addr);
    fclose(fp);
}
```

程序运行结果如图 9-2 所示。

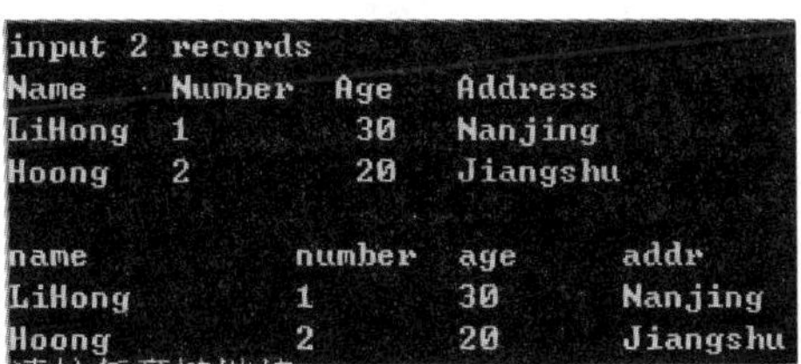

图 9-2　例 9-5 程序运行输出结果

程序说明:定义了一个结构体 STUDENT,声明了两个结构体数组 boya 和 boyb,其中

boya 用于存放从键盘输入的两个学生记录,boyb 用于存放从输入文件读入的两个学生记录,定义了结构体指针变量 qq,指向 boyb。程序以读写方式打开二进制文件"stu_list.dat",输入两个学生记录之后,写入该文件中,然后把文件内部位置指针移到文件首,读出两个学生记录放入数组 boyb,通过指针变量 qq 访问数组 boyb 的每个元素,并显示在屏幕上。

9.3.4 向文件格式化读写数据

函数 fscanf 和 fprintf,与已介绍的函数 scanf 和 printf 的功能相似,都是格式化地读或写数据。两者的区别在于:函数 fscanf 和 fprintf 的读写对象不是键盘和显示器,而是磁盘文件。

函数 fscanf 的一般调用格式为:

fscanf(文件指针,格式字符串,输入地址表);

函数 fprintf 的一般调用格式为:

fprintf(文件指针,格式字符串,输出数据表);

例如:

```
fscanf(fp,"%d%s",&i,str);
```

是从 fp 指向的输入文件,按格式串"%d%s"读取一个整型数据送给变量 i,读取一个字符串给字符数组 str。例如:

```
fprintf(fp,"%d%c",j,ch);
```

是向 fp 指向的输出文件按格式串"%d%c"写入整型变量 j 的值和字符变量 ch 的值。

例 9-6 用 fscanf 和 fprintf 函数完成例 9-5 的功能。

```
#include <stdio.h>
#define N 2
struct STUDENT //定义结构体描述学生信息
{  char name[14];
   int num;
   int age;
   char addr[20];
}boya[N],boyb[N];
main(){
    FILE *fp;
    char ch;
    int i;
    if((fp=fopen("stu_list.dat","w+"))==NULL)      //以读写方式打开文件
    {
        printf("Cannot open file strike any key exit!");
        getch();
        exit(1);
    }
                                    //提示输入
```

```
    printf("input %d records\nName    Number  Age   Address\n",N);
    for(i=0;i<N;i++)                    //从键盘输入 N 个学生记录放入数组 boya 中
    scanf("%s%d%d%s",boya[i].name,&boya[i].num,&boya[i].age,boya[i].addr);
    for(i=0;i<N;i++)                    //将数组中 N 个记录(元素)写入文件
        fprintf(fp,"%s %d %d %s\n",
            boya[i].name,boya[i].num,boya[i].age,boya[i].addr);
    rewind(fp);                         //文件指针移到文件首
    for(i=0;i<N;i++)                    //从文件读入 N 个记录写入数组 boyb 中
        fscanf(fp,"%s %d %d %s\n",
            boya[i].name,&boya[i].num,&boya[i].age,boya[i].addr);
                                        //打印标题
    printf("\n%-14s%-8s%-8s%-20s\n","name","number","age","addr");
    for(i=0;i<N;i++)                    //打印数组 boyb 中 N 个记录
    printf("%-14s%-8d%-8d%-20s\n",boya[i].name,boya[i].num,boya[i].
age,boya[i].addr);
    fclose(fp);
}
```

程序运行结果同例 9-5。

与例 9-5 相比,例 9-6 程序中 fscanf 函数和 fprintf 函数每次只能读写一个结构体数组元素,因此采用了循环语句来读写 N 个数组元素。

例 9-7　编写程序求自然数 1～10 的平方,将结果写入名为 square.txt 的文本文件中。然后再按顺序读出显示在屏幕上。

```
#include <stdio.h>
main(){
    FILE *fp;
    int a ,aa;
    int i;
    if((fp=fopen("square.txt","w+"))==NULL)
    {
        printf("Cannot open file strike any key exit!");
        getch();
        exit(1);
    }
    for(i=1;i<=10;i++)          //向文件写入 10 行数据:i,i*i
        fprintf(fp,"%d,%d\n",i,i*i);
    rewind(fp);                 //文件指针移到文件首
    for(i=1;i<=10;i++){         //从文件读入 10 行数据显示
        fscanf(fp,"%d,%d\n",&a,&aa);
        printf("%d,%d\n",a,aa);
    }
```

```
    fclose(fp);
}
```

程序运行结果如下：

```
1, 2
2, 4
……
10, 100
```

9.4 文件的随机读写

前面介绍的对文件的读写方式都是顺序读写，即读写文件只能从头开始，顺序读写各个数据。但在实际问题中，经常需要只读写文件中某一指定的部分。为了解决这个问题，可先移动文件内部的位置指针到需要读写的位置，再进行读写，这种读写称为随机读写。实现随机读写的关键是要按要求移动文件位置指针，这称为文件的定位。

9.4.1 文件的定位

移动文件内部位置指针的函数主要有两个：rewind 和 fseek。

1. rewind 函数

前面已多次使用过，其一般调用形式为：

```
rewind(文件指针);
```

它的功能是把文件内部的位置指针移到文件首。

2. fseek 函数

fseek 函数用来移动文件内部位置指针，其一般调用形式为：

```
fseek(fp,位移量,起始点);
```

其中：

fp：表示 FILE 类型指针。

位移量：表示移动的字节数。要求位移量为 long 型数据，以便在文件长度大于 64 KB 时不会出错。当用常量表示位移量时，要求加后缀“L”。

起始点：表示从何处开始计算位移量。规定的起始点有三种：文件首，当前位置和文件尾。其表示方法如表 9-2 所示。

表 9-2 fseek 函数中起始点的表示

起始点	符号表示	用数字表示
文件首	SEEK—SET	0
当前位置	SEEK—CUR	1
文件末尾	SEEK—END	2

例如：

fseek(fp,100L,0);

表示把位置指针移到离文件首 100 个字节处。

fseek (fp,100L,1);

表示把位置指针移到离当前位置往后 100 个字节处。

fseek (fp,－10L,2);

表示把位置指针移到离文件尾往前 10 个字节处。

需要说明的是:fseek 函数一般用于二进制文件。在文本文件中由于要进行转换,故往往计算的位置会出现错误。文件的随机读写在移动位置指针之后，即可用前面介绍的任一种读写函数进行读写。由于一般是读写一个数据块,因此常用 fread 和 fwrite 函数。

3. ftell 函数

ftell 函数的功能是返回文件内部的位置指针的当前位置,用相对于文件首的字节位移量表示。如果调用 ftell 函数出错(如 fp 指向的文件不存在),则返回为－1L。例如:

long i=ftell(fp);

if (i==－1L) printf("error");

9.4.2　随机的读写

下面举例说明文件的随机读写方法。

例 9-8　程序从键盘输入 N 个学生记录,并写入文件 stu_list.dat 中,然后从该文件中读出第 2 个、第 4 个、…(双号)的学生的数据并显示。

```
#include <stdio.h>
#define N 4
struct STUDENT //定义结构体描述学生信息
{   char name[14];
    int num;
    int age;
    char addr[20];
}boys[N],boy, *qq;
void main(){
     FILE *fp;
     char ch;
     int i;
     if((fp=fopen("stu_list.dat","rb+"))==NULL)  //以二进制读方式打开文件
     {
         printf("Cannot open file strike any key exit!");
         getch();
         exit(1);
     }
     //提示输入
     printf("input %d records\nName     Number  Age   Address\n",N);
```

```
    for(i = 0;i<N;i++)  //键盘输入 N 行记录放入数组 boya 中
      scanf("%s%d%d%s",boys[i].name,&boys[i].num,&boys[i].age,
        boys[i].addr);
    //将数组 N 个记录写入文件中
    fwrite(boys,sizeof(struct STUDENT),N,fp);
    //打印标题
    printf("\n%-14s%-8s%-8s%-20s\n","name","number","age","addr");
    for (i = 1;i<N;i = i + 2) {
      //将文件位置相对于文件首定位到第 i 条记录
      fseek(fp,i * sizeof(struct STUDENT),SEEK_SET);
      fread(&boy,sizeof(struct STUDENT),1,fp);          //读入当前位置的记录
                                                        //显示 boy 中的记录
      printf("%-14s%-8d%-8d%-20s\n",boy.name,boy.num,boy.age,boy.addr);
    }
    fclose(fp);
}
```

程序运行结果如图 9-3 所示。

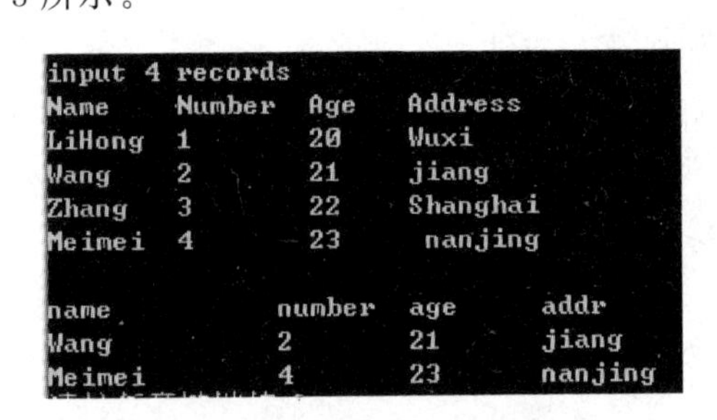

图 9-3　例 9-8 程序运行输出结果

程序说明:定义结构体数组 boys 用于存放键盘输入的 N 条学生记录,并将数组内容作为数据块写到文件“stu_list.dat”;定义 boy 为 STUDENT 结构体类型变量,用于存放读取的第 i 个学生记录。程序以读写的二进制方式打开文件,其中语句:

```
fseek(fp,i * sizeof(struct STUDENT),0);
```

表示将文件位置定位在第 i 条记录,即相对于文件头向后移动 i * sizeof(struct STUDENT)个字节位移量。语句:

```
fread(&boy,sizeof(struct STUDENT),1,fp);
```

读出一个大小为 struct STUDENT 类型的数据块,则读出的数据块为第 i 个学生的数据;结合循环语句,则读出的是双号的学生信息。

上述程序对文件的随机定位,还可以修改为相对于当前位置定位,只要将对应的 for 程序段:

```
for (i = 1;i<N;i = i + 2) {
  fseek(fp,i * sizeof(struct STUDENT),SEEK_SET);
    ……              //读写当前位置的记录,显示 boy 中的记录
}
```

修改为：

```
rewind(fp);        //文件指针移到文件首
for (i = 1;i<N;i = i + 2) {
      fseek(fp,1 * sizeof(struct STUDENT),SEEK_CUR);
        ……         //读写当前位置的记录,显示 boy 中的记录
}
```

修改后的程序,请读者自行验证程序的运行结果。

例 9-9 分析下面程序的运行结果。

```
#include<stdio.h>
main(){
  FILE *fp;
  int x[6] = {1,2,3,4,5,6},i;
  fp = fopen("test.dat","wb +");
  fwrite(x,sizeof(int),3,fp);
  rewind(fp);
  fread(x + 3,sizeof(int),3,fp);
  for(i = 0;i<6;i ++ ) printf(" %d",x[i]);
  printf("\n");
  fclose(fp);
}
```

程序运行结果：

```
123123
```

程序分析：

(1) 语句 fp=fopen("test.dat","wb+");

以读写方式打开二进制文件,这使后面的语句 rewind(fp)能够将文件位置定位到文件首。

(2) 语句 fwrite(x,sizeof(int),3,fp);

向文件写入 x 数组中前 3 个元素,即写入 1、2、3。

(3) 语句:rewind(fp); fread(x+3,sizeof(int),3,fp);

向文件读取 3 个 int 型的数据 1、2、3,放入地址为 x+3 的地址中,即 x[3]=1,x[4]=2,x[5]=3。

(4) 语句 for(i=0;i<6;i++) printf("%d",x[i]);

输出数组的整个元素,所以结果为 123123。

思考:如果将上面程序中文件打开语句修改为:fp=fopen("test.dat","wb"),则程序的运行输出结果为什么?

答:运行输出结果为"123456"。这是因为文件打开方式变为"只允许写",这使后继语句"rewind(fp); fread(x+3,sizeof(int),3,fp);"不起作用,尽管程序编译无错。请读者自行验证。

C 语言还提供了文件结束检测函数 feof 函数,其一般调用格式:

```
feof(文件指针);
```

其功能为:判断文件是否处于文件结束位置,如文件结束,则返回值为1(真),否则为0(假)。

9.5 本章小结

文件的操作流程包括:文件打开,文件的读写和文件的关闭。

文件类型的指针用来标识一个文件。打开文件时,系统就给该文件指派一个文件类型指针,文件的读写、定位和关闭等操作都要通过文件类型的指针进行。

文件可按只读(read)、只写(write)、读写和添加(append)四种操作方式打开,同时在打开时,可指定文件类型是文本文件还是二进制文件。

文件可按字节(字符)、字符串或内存数据块为单位读写。文件也可按指定的格式进行读写。

文件内部的位置指针指向当前的读写位置。文件打开时位置指针指向文件首,函数 rewind 可将位置指针定位到文件首,函数 fseek 用来将位置指针向前或向后移动一段字节距离。通过移动文件的位置指针,可以实现对文件的随机读写。

习　　题

9.1　说说文件操作的基本步骤。

9.2　什么文件类型指针?有什么作用?

9.3　什么叫文件内部的位置指针?有什么作用?

9.4　完成填空,使程序显示指定文件的内容。

```
include<stdio.h>
#include <stdlib.h>
void main(int argc,char *argv[])
{
    ___(1)___ *fp;
    char ch;
    if (argc! =2)
        printf("请设置命令行参数 \n");
    else {
        if((fp=fopen(argv[1],"r"))==NULL)
        {
            printf("\nCannot open file %s! \nStrike any key exit!",argv[1]);
            getch();
            exit(1);
        }
        while((ch=___(2)___(fp))!=EOF)
            putchar(ch);
```

```
        fclose(    (3)         );
    }
    printf("\nargc = %d",argc);
    getch();
    putchar('\n');
}
```

9.5　选择题

设 fp 已定义，执行语句 fp=fopen("file","w");后，以下针对文本文件 file 操作叙述的选项中正确的是(　　)。

A) 写操作结束后可以从头开始读　　B) 只能写不能读

C) 可以在原有内容后追加写　　D) 可以随意读和写

9.6　下面程序经过编译、运行后，输出什么结果？

```
#include <stdio.h>
main()
{
    FILE *fp; int i = 20,j = 30,k,n;
    fp = fopen("d1.dat","w");
    fprintf(fp," %d\n",i);
    fprintf(fp," %d\n",j);
    fclose(fp);
    fp = fopen("d1.dat","r");
    fscanf(fp," %d %d",&k,&n);
    printf(" %d %d\n",k,n);
    fclose(fp);
}
```

9.7　从键盘输入一行文本，将其中的小写字母转换成大写字母，然后输出到文件"text1.txt"中。

9.8　编写程序完成文件的复制操作，要求源文件名和目标文件名从键盘输入。

9.9　编写程序完成：将第二个文件添加在第一个文件之后。

9.10　学生的信息包括：学号、姓名和 2 门课的成绩，编程完成以下功能：

从键盘输入 N 个学生记录，并写入文件 stu_list.dat 中，从该文件中读出第 1、3、5、7、9 个(单号)学生的数据并显示在屏幕上。

第10章 调试程序

程序在调试中有两种错误类型:编译错误和运行错误。

编译错误是指编译过程中发现的语法程序,可以通过编译给出的错误提示信息,逐个纠正。在本书第1章的1.4节中,结合相应C语言环境已经介绍过,这里不再重复。

运行错误是指程序编译成功了,但在运行过程中出现错误或程序运行结果没有达到预期的目标,这时就需要程序员去发现错误并纠正它。掌握正确的调试程序方法是上机的必备技术。C语言的集成环境往往都提供了方便的调试方法,程序进入到调试运行状态下,可以跟踪程序执行过程,以及观察每个断点处各个变量的当前值,能有效地发现程序中的逻辑错误。

本章介绍的程序调式运行的方法,必须在源程序编译连接成功后才能调试执行。下面主要介绍 Visual C++ 6.0 和 CodeBlocks 两个软件环境中调试执行程序的方法。

10.1 CodeBlocks 环境下如何调试程序

CodeBlocks 开发环境在其主窗口界面上提供了一组子菜单,用于帮助程序调试执行。要调试的程序首先必须放在项目中,编译成功后,才能进入调试运行。

在 CodeBlocks 主窗口,选择主菜单中"Debug",出现调试的子菜单如图10-1所示。常用的子菜单功能如下:

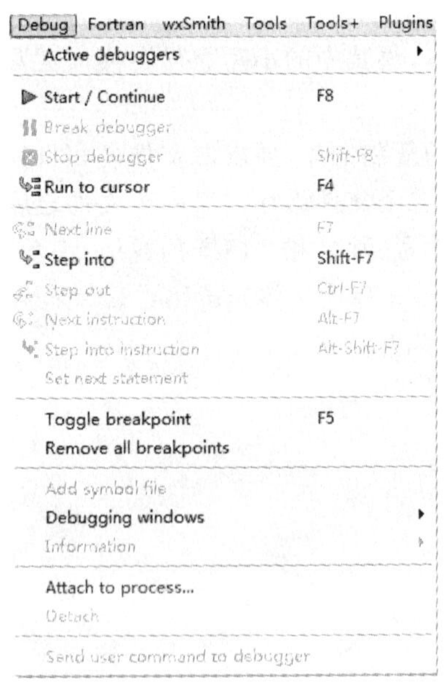

图10-1 调试的子菜单

Start/Continue：Start 开始调试运行，Continue 继续调试运行，或按 F8；

Run to Cursor：运行到光标所在行暂停，或按 F4；

Step in：进入函数体调试，或按 Shift＋F7；

Toggle breakpoint：设置或取消断点，或按 F5；

Remove all breakpoint：移除之前设置的所有断点；

Stop debugger：停止调试，或按 Shift＋F5。

程序调试运行的方法，一般是先对程序设置一些断点，然后开始调试运行，运行到断点行前，程序就暂停，用户可以观察断点处的各变量的当前值，判断程序逻辑是否正确；然后再继续调试运行到下一个断点处。如图 10-2 所示，对程序设置了两个断点“c＝a＋b”和“k＝a/b”，当程序调试运行到第二个断点行“k＝a/b”前暂停，各变量的当前值显示调试在 Watches 子窗口中。有时界面上看不见 Watches 子窗口时，可以单击工具栏上提示信息为“Debugging windows”的小图标，会弹出一组选项，打钩“Watches”选项，如图 10-3 所示。

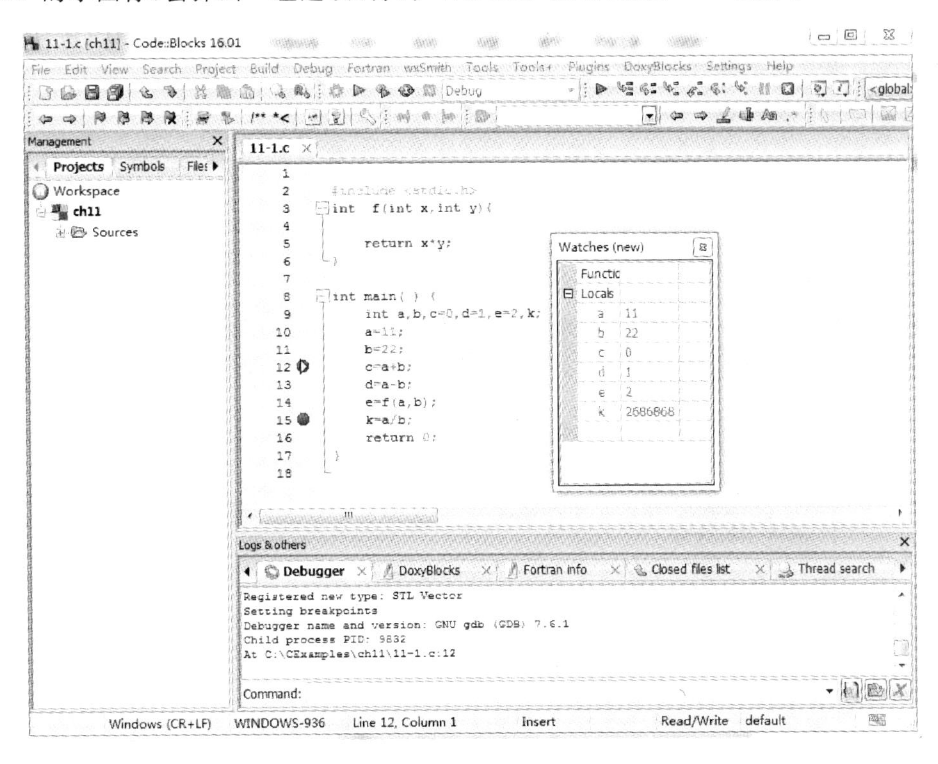

图 10-2　调试运行到第二个断点前，观察到各变量的当前值

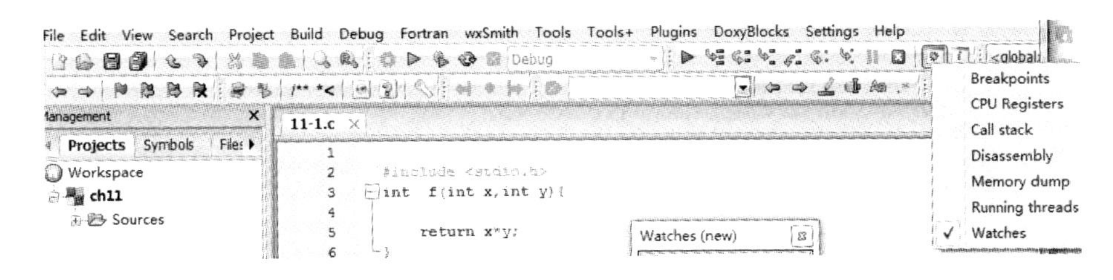

图 10-3　设置 Watches 子窗口出现在界面上

10.2 Visual C++ 6.0 环境下如何调试程序

下面介绍 Visual C++ 6.0 环境下一组常用的调试功能键。

1. 设置或取消断点:按 F9

所谓断点是调试运行程序时,程序运行到设置断点处的行前会暂停下来,用户可以观察断点处各变量的当前值。

设置断点:将鼠标点停留在需要停下的那一行上,按 F9,即设置断点,你可看到在断点行前有一个红色的小实心圆。

要取消某一行已经设置的断点,将光标移到这一行上,再按 F9。

2. 进入调试或调试结束:按 F5

选择主菜单上"开始调试→GO",或者按 F5。程序运行到断点的行前,会暂停下来,显示各变量的当前值。结束调试,也按 F5。

3. 单步执行:按 F10

每按一次 F10,程序往下执行一条语句,用户可以观察每条语句执行后各变量变化的当前值。

4. 进入函数:按 F11

进入函数体调试,按 F11。

图 10-4 是给程序设立了两个断点:"a=11;"和"e=a-b;",当程序调试运行到断点行"e=a-b;"前暂停,观察到变量 a、b、c、d、e 的当前值。

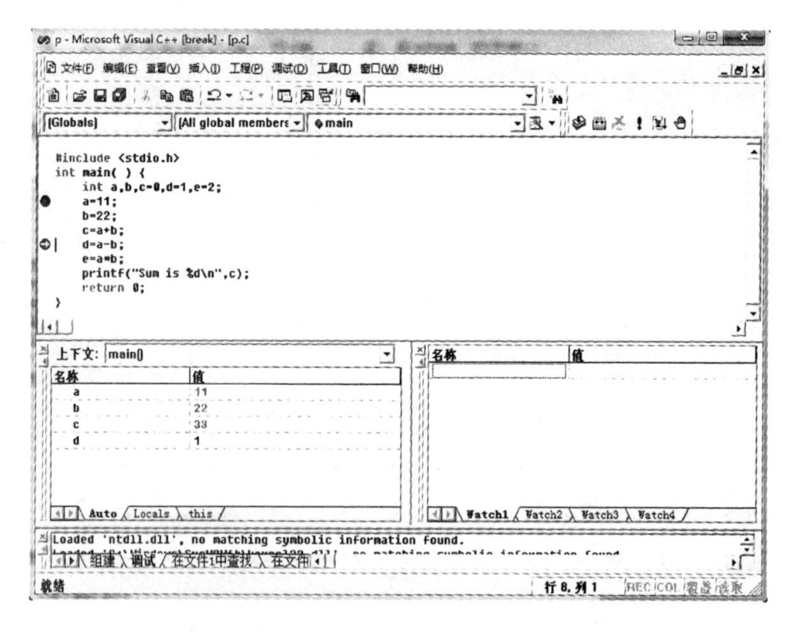

图 10-4 程序调试运行到第二个断点前,观察到各变量的当前值

附录 A　常用字符与 ASCII 代码对照表

代码	控制字符	代码	字符	代码	字符	代码	字符
0	NUL	32	SPACE	64	@	96	`
1	SOH	33	!	65	A	97	a
2	STX	34	″	66	B	98	b
3	ETX	35	#	67	C	99	c
4	OT	36	$	68	D	100	d
5	END	37	%	69	E	101	e
6	ACK	38	&	70	F	102	f
7	BEL 响铃	39	′	71	G	103	g
8	BS 退格	40	(	72	H	104	h
9	HT (tab)	41	)	73	I	105	i
10	LF 换行	42	*	74	J	106	j
11	VT (home)	43	+	75	K	107	k
12	FF	44	,	76	L	108	l
13	CR 回车	45	—	77	M	109	m
14	SO	46	.	78	N	110	n
15	SI	47	/	79	O	111	o
16	DLE	48	0	80	P	112	p
17	DC1	49	1	81	Q	113	q
18	DC2	50	2	82	R	114	r
19	DC3	51	3	83	S	115	s
20	DC4	52	4	84	T	116	t
21	NAK	53	5	85	U	117	u
22	SYN	54	6	86	V	118	v
23	ETB	55	7	87	W	119	w
24	CAN	56	8	88	X	120	x
25	EM	57	9	89	Y	121	y
26	SUB	58	:	90	Z	122	z
27	ESC	59	;	91	[	123	{
28	FS	60	<	92	\	124	|
29	GS	61	=	93	]	125	}
30	RS	62	>	94	ˆ	126	~
31	US	63	?	95	—	127	DEL

代码	字符	代码	字符	代码	字符	代码	字符
128	€	160	[空格]	192	?	224	à
129	□	161	¡	193	Á	225	á
130	‚	162	¢	194	Â	226	â
131	ƒ	163	£	195	Ã	227	ã
132	„	164	¤	196	Ä	228	ä
133	…	165	¥	197	Å	229	å
134	†	166	¦	198	Æ	230	æ
135	‡	167	§	199	Ç	231	ç
136	ˆ	168	¨	200	È	231	ç
137	‰	169	©	201	É	232	è
138	Š	170	a	202	Ê	233	é
139	‹	171	«	203	Ë	234	ê
140	Œ	172	¬	204	Ì	235	ë
141	□	173	—	205	Í	236	ì
142	Ž	174	®	206	Î	237	í
143	□	175	—	207	Ï	238	Î
144	□	176	°	208	Đ	239	ï
145	‘	177	±	209	Ñ	240	ð
146	’	178	²	210	Ò	241	ñ
147	“	179	³	211	Ó	242	ò
148	”	180	′	212	Ô	243	ó
149	•	181	μ	213	Õ	244	ô
150	-	182	¶	214	Ö	245	õ
151	—	183	·	215	×	246	ö
152	~	184		216	Ø	247	÷
153	TM	185	¹	217	Ù	248	ø
154	Š	186	º	218	Ú	249	ù
155	›	187	»	219	Û	250	ú
156	œ	188	1/4	220	Ü	251	û
157	□	189	1/2	221	Ý	252	ü
158	ž	190	3/4	222	Þ	253	ý
159	Ÿ	191	¿	223	ß	254	þ

附录B　C语言常用的库函数

库函数并不是C语言的一部分，它是由编译系统根据一般用户的需要编制并提供给用户使用的一组程序。本附录列出C系统的常用库函数。

1. 数学函数

使用数学函数时，应该在源文件中使用预编译命令：

＃include ＜math. h＞

函数名	函数原型	功能	返回值
abs	int abs(int num)；	计算整数 num 的绝对值	计算结果
acos	double acos(double x)；	计算 arccos x 的值，其中$-1<=x<=1$	计算结果
asin	double asin(double x)；	计算 arcsin x 的值，其中$-1<=x<=1$	计算结果
atan	double atan(double x)；	计算 arctan x 的值	计算结果
cos	double cos(double x)；	计算 cos x 的值，x 的单位为弧度	计算结果
cosh	double cosh(double x)；	计算 x 的双曲余弦 cosh x 的值	计算结果
exp	double exp(double x)；	求 e^x 的值	计算结果
fabs	double fabs(double x)；	求 x 的绝对值	计算结果
floor	double floor(double x)；	求出不大于 x 的最大整数	该整数的双精度实数
fmod	double fmod(double x, double y)；	对浮点数求模	返回余数的双精度实数
log	double log(double x)；	求 $\ln x$ 的值，即 $\log_e x$	计算结果
log10	double log10(double x)；	求 $\log_{10} x$ 的值	计算结果
pow	double pow(double x, double y)；	求 x^y 的值	计算结果
rand	int rand()；	产生0到RAND_MAX之间的伪随机数。RAND_MAX为32767	返回一个随机整数
sin	double sin(double x)；	求 sin x 的值，其中 x 的单位为弧度	计算结果
sinh	double sinh(double x)；	计算 x 的双曲正弦函数 sinh x 的值	计算结果
sqrt	double sqrt (double x)；	计算 x 的平方根，其中 $x \geqslant 0$	计算结果
tan	double tan(double x)；	计算 tan x 的值，其中 x 的单位为弧度	计算结果
tanh	double tanh(double x)；	计算 x 的双曲正切函数 tanh x 的值	计算结果

2. 字符分类函数

使用字符函数时，应该在源文件中使用预编译命令：

＃include ＜ctype. h＞

函数名	函数原型	功能	返回值
isalnum	int isalnum(int ch);	检查 ch 是否为字母或数字	是字母或数字返回 1,否则返回 0
isalpha	int isalpha(int ch);	检查 ch 是否为字母	是字母返回 1,否则返回 0
iscntrl	int iscntrl(int ch);	检查 ch 是否为控制字符(其 ASCII 码在 0 和 0x1F 之间)	是控制字符返回 1,否则返回 0
isdigit	int isdigit(int ch);	检查 ch 是否为数字	是数字返回 1,否则返回 0
islower	int islower(int ch);	检查 ch 是否为小写字母(a~z)	是小写字母返回 1,否则返回 0
ispunct	int ispunct(int ch);	检查 ch 是否是标点字符(不包括空格)即除字母、数字和空格以外的所有可打印字符	是标点返回 1,否则返回 0
isspace	int isspace(int ch);	检查 ch 是否为空格、跳格符(制表符)或换行符	若是返回 1,否则返回 0
isupper	int isupper(int ch);	检查 ch 是否为大写字母(A~Z)	是大写字母返回 1,否则返回 0
isxdigit	int isxdigit(int ch);	检查 ch 是否为一个 16 进制数字(即 0~9,或 A 到 F,a~f)	是返回 1,否则返回 0
tolower	int tolower(int ch);	将 ch 字符转换为小写字母	返回 ch 对应的小写字母
toupper	int toupper(int ch);	将 ch 字符转换为大写字母	返回 ch 对应的大写字母

3. 字符串函数

使用字符串函数时,应该在源文件中使用预编译命令:

#include <string. h>

函数名	函数原型	功能	返回值
strcat	char * strcat(char * str1, char * str2);	把字符 str2 接到 str1 后面	返回 str1
strchr	char * strchr(char * str,int ch);	找出 str 指向的字符串中第一次出现字符 ch 的位置	返回指向该位置的指针,如找不到,则应返回 NULL
strcmp	int * strcmp(char * str1, char * str2);	比较字符串 str1 和 str2	若 str1<str2,返回负数, 若 str1=str2,返回 0, 若 str1>str2,返回正数
strcpy	char * strcpy(char * str1, char * str2);	把 str2 指向的字符串拷贝到 str1 中去	返回 str1
strlen	unsigned int strlen(char * str);	统计字符串 str 中字符的个数(不包括终止符“\0”)	返回字符个数
strstr	char * strstr(char * str1, * str2);	寻找 str2 子串在 str1 字符串中首次出现的位置	返回 str2 子串首次出现的地址,否则返回 NULL
strlwr	char * strlwr (char * str)	将字符串 str 中的全部大写字母转换成小写字母	
strupr	char * strupr (char * str)	将字符串 str 中的全部小写字母转换成大写字母	

4. 输入/输出函数

使用输入/输出函数时，应该在源文件中使用预编译命令：

#include <stdio.h>

函数名	函数原型	功能	返回值
clearerr	void clearer(FILE * fp);	清除文件指针错误指示器	无
close	int close(int fp);	关闭文件	关闭成功返回0，不成功返回-1
creat	int creat(char * filename, int mode);	以mode所指定的方式建立文件	成功返回正数，否则返回-1
eof	int eof(int fp);	判断fp所指向的文件是否结束	文件结束返回1，否则返回0
fclose	int fclose(FILE * fp);	关闭fp所指向的文件，释放文件缓冲区	关闭成功返回0，不成功返回非0
feof	int feof(FILE * fp);	检查文件是否结束	文件结束返回非0，否则返回0
fflush	int fflush(FILE * fp);	将fp所指向的文件的全部控制信息和数据存盘	存盘正确返回0，否则返回非0
fgets	char * fgets(char * buf, int n, FILE * fp);	从fp所指向的文件中读取一个长度为(n-1)的字符串，存入起始地址为buf的空间	返回地址buf。若遇文件结束或出错则返回EOF
fgetc	int fgetc(FILE * fp);	从fp所指向的文件中取得下一个字符	返回所得到的字符。出错返回EOF
fopen	FILE * fopen(char * filename, char * mode);	以mode指定的方式打开名为filename的文件	成功，则返回一个文件指针，否则返回0
fprintf	int fprintf(FILE * fp, char * format,args,…);	把args的值以format指定的格式输出到fp所指向的文件中	实际输出的字符数
fputc	int fputc(char ch, FILE * fp);	将字符ch输出到fp所指向的文件中	成功则返回该字符，出错返回EOF
fputs	int fputs(char * str, FILE * fp);	将str指定的字符串输出到fp所指向的文件中	成功则返回0，出错返回EOF
fread	int fread(char * pt, unsigned size, unsigned n, FILE * fp);	从fp所指向的文件中读取字节长度为size的n个数据项，存到pt所指向的内存区	返回所读的数据项个数，若文件结束或出错返回0
fscanf	int fscanf(FILE * fp, char * format,args,…);	从fp所指向的文件中按给定的format格式将读入的数据送到args所指向的内存变量中(args是指针)	已输入的数据个数
fseek	int fseek(FILE * fp, long offset, int base);	将fp所指向的文件的位置指针移到以base所指出的位置为基准、以offset为位移量的位置	返回当前位置
ftell	long ftell(FILE * fp);	返回fp所指向的文件中的读写位置	返回文件中的读写位置

续 表

函数名	函数原型	功能	返回值
fwrite	int fwrite(char * ptr, unsigned size, unsigned n, FILE * fp);	把 ptr 所指向的 n * size 个字节输出到 fp 所指向的文件中,n 为数据项个数,size 为数据项的字节长度	写到 fp 文件中的数据项的个数
getc	int getc(FILE * fp);	从 fp 所指向的文件中的读出下一个字符	返回读出的字符,若文件出错或结束返回 EOF
getchar	int getchar();	从标准输入设备中读取下一个字符	返回字符,若文件出错或结束返回－1
gets	char * gets(char * str);	从标准输入设备中读取字符串存入 str 指向的数组	成功返回 str,否则返回 NULL
open	int open(char * filename, int mode);	以 mode 所指向的方式打开已存在的名为 filename 的文件	返回文件号(正数),如打开失败返回－1
printf	int printf(char * format, args,…);	在 format 格式字符串控制下,将列表 args 内容输出到标准设备	输出字符的个数。若出错返回负数
putc	int putc(int ch, FILE * fp);	把一个字符 ch 输出到 fp 所指向的文件中	输出字符 ch,若出错返回 EOF
putchar	int putchar(char ch);	把字符 ch 输出到标准输出设备	返回输出字符 ch,若失败返回 EOF
puts	int puts(char * str);	把 str 所指向的字符串输出到标准输出设备,将"\0"转换为回车行	返回换行符,若失败返回 EOF
read	int read(int fd, char * buf, unsigned count);	从文件号 fp 所指向的文件中读 count 个字节到由 buf 指向的缓冲区(非 ANSI 标准)	返回真正读出的字节个数,如文件结束返回 0,出错返回－1
remove	int remove(char * fname);	删除以 fname 为文件名的文件	成功返回 0,出错返回－1
rename	int remove(char * oname, char * nname);	把 oname 所指向的文件名改为由 nname 所指向的文件名	成功返回 0,出错返回－1
rewind	void rewind(FILE * fp);	将 fp 所指向的文件指针置于文件头,并清除文件结束标志和错误标志	无
scanf	int scanf(char * format, args,…);	从标准输入设备按 format 指示的格式字符串,输入数据给 args 所指示的单元。args 为指针	读入并赋给 args 的数据个数。如文件结束返回 EOF,若出错返回 0
write	int write(int fd, char * buf, unsigned count);	从 buf 指向的缓冲区输出 count 个字符到 fd 所指向的文件中(非 ANSI 标准)	返回实际写入的字节数,如出错返回－1

5. 动态存储分配函数和类型转换函数

在使用动态存储分配函数时,应该在源文件中使用预编译命令:

#include <stdlib. h>

函数名	函数原型	功能	返回值
calloc	void * calloc (unsigned n, unsigned size);	分配n个数据项的内存空间，每个数据项的大小为size个字节	返回分配内存单元的起始地址。如不成功，返回0
free	void free(void * p);	释放p所指向的内存区	无
malloc	void * malloc (unsigned size);	分配size个字节的内存空间	返回分配的内存区地址，如内存不够，返回0
realloc	void * realloc(void * p, unsigned size);	将p所指向的已分配内存区的大小改为size。size可以比原来分配的空间大或小	返回指向该内存区的指针。若重新分配失败，返回NULL
atoi	int atoi(char str[]);	将字符串str转换成int类型的整数返回转换成的整数	
itoa	char * itoa (int value, char * str, int radix);	将整型value值转换成字符串放在str数组中，radix是要转换的进制基数	

参 考 文 献

[1] E Balagurusamy. Programming in ANSI C. 北京:清华大学出版社,2011.

[2] 谭浩强. C 语言程序设计. 4 版. 北京:清华大学出版社,2010.

[3] 李树华. C 语言程序设计教程. 大连:大连理工大学出版社,2010.

[4] 郑莉. C++语言程序设计. 北京:清华大学出版社,2000.

[5] 张桂珠. Java 面向对象程序设计. 北京:邮电大学出版社,2010.

[6] Herbert Schildt. C 语言大全. 4 版. 王子恢,戴健鹏,等,译. 北京:电子工业出版社,2001.

[7] Brian W. Kernighan,Dennis M. Ritchie. C 程序设计语言(第 2 版 · 新版) 北京:机械工业出版社,2004.

[8] H. M. Deitel, P. J. Deitel. C 程序设计教程. 薛万鹏,等,译. 北京:机械工业出版社,2003.

[9] Paul Kelly. A Guide to C Programming(Third Edition). Dublin : Gill & Macmillan,1999.

[10] Brian W. Kernighan, Rob Pike. 程序设计实践. 裘宗燕,译. 北京:机械工业出版社,2000.

[11] Terrence W. Pratt, Marvin V. Zelkowitz . 程序设计语言设计与实现(第四版). 北京:电子工业出版社, 2001.

[12] P. J. Deitel,H. M. Deitel. C 大学教程(第五版). 苏小红,等,译. 北京:电子工业出版社,2008.

[13] Stepphen G. Kochan. C 语言程序设计(第 4 版). 北京:电子工业出版社,2016.